国家电网有限公司
输变电工程机械化施工技术

变电工程分册

国家电网有限公司基建部　组编

中国电力出版社
CHINA ELECTRIC POWER PRESS

内 容 提 要

　　为落实国家电网有限公司"六精四化"三年行动计划要求,推进机械化施工技术应用,提升输变电工程高质量建设能力,国家电网有限公司基建部组织编写了《国家电网有限公司输变电工程机械化施工技术》丛书,包含《架空线路工程分册》《变电工程分册》《电缆工程分册》三个分册。

　　本分册为《变电工程分册》,包括概述、变电工程勘测与设计、土建工程机械化施工、电气安装调试工程机械化施工、大件运输技术共 5 章,阐述机械化施工的设计技术、专用施工装备、施工技术要点、工程案例等内容。

　　本套丛书可供从事输变电工程建设的设计、施工、监理专业的工程技术人员和管理人员学习使用,也可供相关院校师生学习参考。

图书在版编目（CIP）数据

国家电网有限公司输变电工程机械化施工技术. 变电工程分册 / 国家电网有限公司基建部组编. —北京：中国电力出版社，2023.3（2023.8 重印）
ISBN 978-7-5198-7639-5

Ⅰ. ①国…　Ⅱ. ①国…　Ⅲ. ①变电所–电力工程–机械化施工–中国　Ⅳ. ①TM7

中国国家版本馆 CIP 数据核字（2023）第 041069 号

出版发行：中国电力出版社
地　　址：北京市东城区北京站西街 19 号（邮政编码 100005）
网　　址：http://www.cepp.sgcc.com.cn
责任编辑：翟巧珍（806636769@qq.com）
责任校对：黄　蓓　常燕昆
装帧设计：赵丽媛
责任印制：石　雷

印　　刷：北京九天鸿程印刷有限责任公司
版　　次：2023 年 3 月第一版
印　　次：2023 年 8 月北京第三次印刷
开　　本：710 毫米×1000 毫米　16 开本
印　　张：11.75
字　　数：200 千字
定　　价：98.00 元

《国家电网有限公司输变电工程机械化施工技术变电工程分册》

编 委 会

前　言

近年来，国家电网有限公司在输变电工程建设中全面推行机械化施工模式，加紧构建机械化施工技术体系，通过设计施工技术研发、施工新机械研制、成熟装备性能改进提升等创新工作，面临"卡脖子"难题的山地、海底等特殊环境机械化施工应用取得了突破性进展，输变电工程施工机械化率稳步提高，同时在建设效率、绿色环保等方面取得了明显成效。2022年，国家电网有限公司在工程建设上实施以"标准化为基础、机械化为方式、绿色化为方向、智能化为内涵"的"四化"建设，在机械化施工方面取得了丰硕的管理和应用实践成果，提升了输变电工程建设能力水平。

国家电网有限公司通过大量的技术与管理创新及应用实践，培养了大批的机械化施工专家型人才和专业团队，也积累了丰富的管理经验和典型技术案例。为了更好地总结和交流，持续加强人员专业能力，固化实践成果，促进共建共享，提升输变电工程高质量建设能力，国家电网有限公司基建部组织编写了《国家电网有限公司输变电工程机械化施工技术》丛书，包含《架空线路工程分册》《变电工程分册》《电缆工程分册》三个分册。

本套丛书以输变电工程机械化施工技术为主线，主要面向工程建设的设计、施工、管理等专业人员，围绕机械化施工设计技术、施工装备、施工技术、工程实践等方面，系统介绍了机械化施工技术研究、工程应用实践取得的系列成果与典型经验。本分册为《变电工程分册》，主要围绕变电工程建设不同阶段、各工序，阐述机械化施工的设计技术、专用施工装备、施工技术要点、工程实例等内容。

在本套丛书的编写过程中，相关省级公司、科研单位、设计单位和施工单位给予了大力支持与协助，在此对各单位及相关专家表示衷心的感谢。

由于编写时间仓促，书中难免存有不妥之处，恳请批评指正。

编写组

2023年2月

目　录

概　　述

本章介绍了变电工程机械化施工的背景和意义，回顾了变电设计及电气设备技术、施工技术的发展，论述了变电工程机械化施工技术体系的内涵。

1.1　变电工程机械化施工背景及意义

改革开放以来，我国电力工业快速发展，取得了举世瞩目的伟大成就，发电量、电网规模、电压等级等多项电力工业发展指标稳居世界首位，支撑了中国经济高速发展和人民生活水平的不断提高。

数十年来，变电站建设者在工程建设实践中，以提高建设效率为根本，不断开展设计、施工技术和装备体系创新，满足了电网大规模建设的要求，取得了一系列技术成果。

新形势下，实现电网优质高效建设、低碳绿色建设和新型电力系统建设，必然要求更高水平的变电机械化施工技术的发展。

1.1.1　电网优质高效建设

我国能源资源与负荷呈逆向分布，必须依托大电网、构建大市场，通过"西电东送""北电南供"，实现能源资源在全国范围的优化配置。一直以来，变电站的电压等级不断提高，电网规模连续翻番，电网建设任务逐年递增，电压等级提高导致设备体积、重量增大，造成施工难度提升，同时人工成本持续攀升、劳动力缺乏等外部问题也日趋加重。为了解决上述问题，推动电网优质高效建设，采用机械替代人工是大势所趋。相比传统施工方式，全过程机械化施工具有减少人力成本、提高工程施工效率和施工安全性的优势，已成为变电站工程建设的主要方式。

1.1.2　电网低碳绿色建设

随着"可持续发展"和"碳达峰、碳中和"等国家发展重大战略的提出与实施，各行业都在面临着绿色低碳转型。变电站占地更少，设备和材料的选择更加注重绿色节能、低碳环保，施工方式和施工装备也因此面临更多挑战。采用"工厂化预制、装配式建设、机械化施工"的建设方式，减少环境对施工的制约，降低施工对环境的影响，是变电机械化施工低碳绿色建设的高效解决方案。

1.1.3　新型电力系统建设

我国已形成世界上电网结构最复杂的交直流混联电网，新能源高比例接入、交直流混联电网广域耦合、多种变量交织、多种类型约束相互制约，不同控制量交互影响，运行控制难度极大，系统运行的不确定性大大增加，造成系统扰动波及范围更广，停电愈发困难或者停电时间不断压缩。因此，为了应对上述问题，当前电网建设必然要适应并助推新型电力系统建设。面对复杂的新型电力系统建设，国家电网有限公司进行了一系列施工技术革新和施工装备创新，变电工程机械化施工的装备水平和工艺技术水平得到飞速发展。不停电施工、临近带电设备作业、全机械化快速作业等适应新型电力系统建设的新技术不断涌现。

综上所述，变电工程作为输变电工程的重要组成部分，包含了勘测设计、土建施工、设备安装、调试试验等工序，具有工程投资大、参与单位多、设备种类多、技术要求高等特点。"双碳"目标、新型电力系统建设和电力保供等新形势新任务，都促使电网建设面临更多的建设任务、更加复杂的建设环境，而劳动力等建设资源日趋紧张，要求国家电网有限公司的建设者不断改进施工方法，创新施工装备，大力推进"机械化、智能化"的施工方式，满足电网优质高效、低碳绿色建设的要求。

1.2　变电工程技术发展

变电技术的发展引导着变电工程机械化施工技术的发展，下面主要从电压等级提高、布置方式变化、电气设备发展、装配式技术的发展和三维技术的发展等方面分别论述。

（1）电压等级提高。为了解决电能资源分布不均，实现电能大规模和远距离输送，实现更大范围的资源优化配置，变电站的电压等级经历了高压、超高压、特高压历程。电压等级的提高导致设备体积增加、重量变大、人力施工困难，且由于城市建设规划的要求，变电站的选址经常位于交通不便的郊区或者山区，因此在变电站建设中不仅仅要考虑机械化施工实施方案，同时也要对大件运输方案进行设计。

（2）布置方式变化。为了节约土地资源，变电站总平面布置方式也在不断变化。由原来的户外变电站为主，发展到户内式、地下式、半户内式、预制舱式等多种形式并存。与户外变电站相比，其他类型变电站设备布置紧凑、占地面积缩小很多，对施工的工艺要求也更高，传统的施工方式难以满足要求。

（3）电气设备发展。近年来，随着电力系统规模不断扩大和装备制造业水平不断提升，电气设备技术向集成化、一体化、绿色化、智能化方向发展。电气设备型式经历了从空气绝缘开关设备（Air Insulated Switchgear，AIS），到气体绝缘全封闭组合电器（Gas Insulated Switchgear，GIS）和气体绝缘半封闭组合电器（Hybrid Gas Insulated Switchgear，HGIS）的设备集成的发展历程，并逐渐发展出预制舱开关设备、预制舱 GIS、预制舱二次设备等舱式一体化设备；电气设备绝缘介质从 SF_6 气体、矿物油发展到更加环保的新型绝缘气体、植物油等；电气设备也通过设置传感器的方式实现就地测量、控制、状态监测等功能，推动安装、调试装备智能化水平的提升。电气设备的发展必然推动机械化施工方式的不断改进与提升。

（4）装配式技术的发展。近年来，国家电网有限公司提出了"两型一化"（即资源节约型、环境友好型、工业化）的变电站建设理念，其核心涵盖绿色、环保、环境协调几个方面，变电站建设进入减少土地占用、降低造价、缩短建设周期、与周围环境协调、提高运行可靠性、较少设备维护的发展模式。传统的建设模式作业周期长、施工占用场地大、劳动力耗费严重，同时大量湿作业施工，不利于节材和绿色环保，阻碍了电力工程建设的发展。装配式技术具有设计的标准化、预制构件生产的工厂化和施工安装的专业化等特点，改变了传统的建设模式，可实现变电站向精细化建造、环境污染少、资源消耗低、技术含量高等方向的转变，全面提升变电站机械化施工水平。

（5）三维技术的发展。随着数字化技术的应用和普及，在电力工程建设中运用三维技术可弥补传统建设模式的不足，有助于提升工程建设质量和施工效率。变电站三维技术以模型为载体、以数据为核心，实现了工程成果的可视化、数字化、信息模型一体化，为工程建设数字赋能。基于数字模型对项目进行设计、建造及运营管理，通过碰撞检查、施工模拟等方式提前发现施工中可能存在的问题，通过三维施工交底实现对设计意图的直观理解，促进机械化施工能力提升。

1.3　变电工程机械化施工技术体系

机械化是指在生产过程中，直接采用电力或其他动力来驱动或操纵机械装备以替代手工劳动进行生产的措施或手段。利用机械装备但仍以人力、畜力驱动进行生产的称为半机械化。变电站作为电力供应中的中转站，在工程勘察设计、土建施工、电气安装调试、大件运输全过程中，积极采用并推广各类科学先进的机械化施工装备，劳动生产率和施工效率显著提高。变电站机械化施工体系见图 1.3－1。

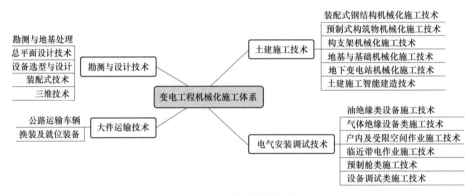

图 1.3－1　变电工程机械化施工体系

1.3.1　土建施工技术

土建施工机械化发展经历了从 20 世纪 50 年代的放下扁担、机械成龙配套，到 60 年代塔式起重机和土方施工机械化，70 年代的水平运输机械化，80年代商品混凝土搅拌车、泵送车，到 90 年代钢筋接头和装修工程机械化，直至 21 世纪的起重机、混凝土机械、土方机械等全机械化装备的应用。

近些年，变电站土建工程全面应用了装配式钢结构建筑物、预制件构筑物，创新开展了智能建造实践，各类型的汽车式起重机、履带吊、登高车及配套使用的吊具等装备大批量应用到变电站土建施工中，各类型传感器、机器人辅助装置等智能化装备逐渐规模化应用，推动了变电站土建机械化施工水平的全面提升。

1.3.2　安装调试技术

随着新设备、新技术、新材料、新工艺、新方法的发展，变电站更加集成、智能、经济、可靠，对施工也提出了更高的要求。

油绝缘类、气体绝缘类设备安装广泛使用以大型移动式起重机为核心的各类高性能施工装备；随着安装技术和工艺要求不断提高，在户内及受限空间作业、临近带电作业等具有电网特色的施工作业中，成功研制一批智能化装备，形成了一套面向输变电工程建设一线的标准工艺成果，提高工程机械化程度和建设效率高。

随着电网技术的不断发展，设备试验项目逐渐增加，调试质量要求也越来越严格，设备运行状态需要准确的试验数据支撑来判断分析，试验对仪器装备依赖程度也越来越高。得益于新技术、新材料的发展，大容量、集成化、便捷性等新型试验仪器快速研制并应用。大容量试验仪器实现了高电压、大容量设备的耐压试验，集成化新型试验装备能够提高试验效率，简化试验接线，减少试验人员。同时创新研发新型装备利用新方法能够在不停电情况下完成 GIS 耐压试验，提高了变电站供电的可靠性。

1.3.3　大件运输技术

变压器、电抗器、GIS 等大件设备，是变电站工程的核心关键设备，其运输是否安全、迅速完成影响变电站能否按期投运，在可研阶段大件运输可行性专题报告往往决定着变电站的选址。电力大件运输经历 20 世纪 50 年代初期至 80 年代初、80 年代初至 20 世纪末、21 世纪至今三个发展阶段，尤其是随着超高压、特高压和智能电网的发展，变电站大件设备运输也从单一的运输方式发展到水、陆、铁联合运输，其运输装备、中转设备和站内装卸车工艺都得到了蓬勃发展。变电站大件运输技术体系主要分为公路运输车辆、装卸及就位装备三部分，技术特点呈现多种运输方式组合使用、运输装备承载能力强、装卸及就位方式多样化等特征。

变电工程勘测与设计

本章围绕机械化施工和绿色低碳理念，介绍了变电工程勘测与设计技术，重点论述了变电工程勘测与地基处理、总平面设计技术、设备选型与设计、装配式技术及三维技术，并结合实际案例介绍机械化成果应用。

2.1　勘　测　与　地　基　处　理

2.1.1　勘测主要手段与方法

为满足机械化施工对勘测深度的要求，并符合相关技术标准的规定。针对变电站站址岩土工程条件与主要勘测问题，勘测工作根据具体条件采用工程地质调查、钻探、原位测试、室内试验和工程物探等综合勘测方法。

（1）工程地质调查。在调查及踏勘过程中，对站址周边的地形地貌、不良地质作用的发育状况及其危害进行查明，了解变电站周边道路交通条件、影响施工设备进场、作业安全的其他地形地质问题。对站址方案起决定作用的不良地质和特殊地质，需描述其类别、范围、性质并评价其对工程的危害程度，结合机械化施工要求，提出避让或治理措施的建议。

（2）钻探。钻探目的是了解地层结构、岩性及其分布规律，查明地下水位埋深情况。钻探结果作为确定基础和地基处理方案，以及机械化施工装备选择的依据。

钻探设备的选用主要根据现场地形条件及交通条件。常规勘察钻机适用于地形平缓、无障碍物场地。交通条件较差、无法使用普通工程勘察钻机的场地可采用山地钻和背包式岩心钻，山地钻和 SL-20 型背包钻机分别见图 2.1-1、图 2.1-2。

（3）原位测试。原位测试手段包括标准贯入试验、动力触探、静力触探等。其目的是评价地基土工程特性、对比划分地层、评价饱和砂土和粉土的地震液化及预估沉桩可能性和单桩承载力等。针对土层特性，确定基础类型、埋深和地基处理方案，提前策划机械化施工方案。

图 2.1-1　山地钻

图 2.1-2　SL-20 型背包钻机

（4）室内试验。室内试验主要有抗压、抗剪及压缩试验，试验项目和试验方法应根据基础设计要求和岩土性质确定。室内土工试验方法应符合《土工试验方法标准》（GB/T 50123—2019）的规定。目的在于测定岩土的各种物理性质及工程特性指标，供统计、分析与评价使用。

（5）工程物探。工程物探是探查地下隐伏岩溶、矿坑空洞、基岩面、风化带、断裂破碎带、滑动面及地层结构等地质界面，测定土壤电阻率等。对于特殊地质条件，在考虑施工作业风险的基础上，提出解决措施。

土壤电阻率测量目的是测量站址范围内土壤电阻率、辅助判定土壤的腐蚀性。地质雷达是一种基于高频电磁波技术来探测地下地质体的物探设备，可用于基岩深度确定、潜水面、溶洞、地下管缆探测、地层分层等。接地阻测量仪和地质雷达探测仪分别见图 2.1-3、图 2.1-4。

图 2.1-3　接地阻测量仪

图 2.1-4　地质雷达探测仪

2.1.2 新技术应用

（1）遥感技术的应用。遥感技术可利用卫星或航空设备对地面的信息进行采集，满足工程建设对信息资源的需要。为充分发挥该技术在地质工程勘测中的作用，应将遥感技术与全自动测量勘察系统相结合，以便收集区域内如地形、地貌等各类图形信息，然后进行综合分析，帮助设计人员做出正确判断，推动工程的顺利开展。

（2）北斗卫星导航技术的应用。北斗卫星导航是一个具备导航、定位、通信等功能的综合性系统，可以实现全天候、全时段的定位与导航，为数据传输提供可靠连接。随着该系统的建设日趋完善，该技术在工程勘测领域已被广泛应用。将北斗卫星导航系统与实时动态差分定位 RTK 技术相结合，应用到工程勘测中，可快速获取高精度、高标准的坐标等基础数据，在提高工作效率的同时，使工程勘测的准确性得到保障。

（3）地理信息技术的应用。地理信息技术是一种现代化的综合测绘技术，其中包括计算机图形、地理信息和测绘技术等多个部分，在应用地理信息技术时，必须充分利用空间定位数据库，通过对基本信息、地质数据等进行组合，获取工程需要的信息数据。同时，该系统具有地质数据采集、数据分析、数据输出等功能，可利用北斗导航系统、全球定位系统 GPS、遥感技术、摄影测量、激光雷达、无人机技术等对地形、地质环境数据进行收集，建立信息数据库，为做出各项重要决策提供可靠的信息数据。例如，建立工程占用土地类型数据库、工程地形分区数据库、岩土覆盖层厚度数据库等，在设计、施工需要时，可十分便捷地调用及展示。

（4）无人机航测技术的应用。目前无人机航空摄影测量技术在工程测绘领域得到广泛应用，在工程勘测中体现出高效、灵活的使用特点，可进一步提高工程勘测的效率及质量，降低工程勘测的人力成本。在应用无人机航测技术时，首先需要掌握工程勘测的具体要求，对无人机的航测技术参数进行调整，然后按照规范要求进行野外航摄，对航空拍摄获得的数据进行内业数据处理，由专业的人员对像控点与像片进行连接；其次，通过软件对影像图进行分析，确保工程勘测信息的可靠性；最后借助前期的影像图数据进行数字化绘图工作。此外，在工程勘测工作开展过程中，应用无人机航测技术获取相应的测绘成果，再通过采集的数据实现自动化建模，从而为后续勘测工作有序开展提供数据支撑。

（5）三维技术的应用。将三维扫描技术应用到勘测工作中，可充分利用点云数据，提升工程勘测的准确性。结合无人机、激光雷达、倾斜摄影测量等手段获取基础数据，建立三维模型。对于地质地层，先通过该技术对地质基本信息进行采集，借助三维扫描技术在计算机中建立真实的模型，然后将地质数据输入模型，做好相应的模拟演练，得到与原型基本相同的地质体，实现三维地层可视化，充分了解该工程的地质模型、钻孔位置及水位线等详细信息，进而全方位、多角度、立体化地展现勘测成果，并有效提高工程勘测质量。

2.1.3 地基处理与基础

基础设计应贯彻绿色、低碳、环保理念，优先采用原状土基础型式。在工程勘察的基础上，设计应综合考虑环境与施工条件，应优先采用环保型基础和便于机械化施工并易于贯彻施工安全、可靠、高效要求的地基处理方案。

对于地质条件较好，持力层较浅区域，宜采用独立基础、条形基础、大板基础等型式。当技术条件满足要求时，可采用装配式基础。对于荷载较大、地基土层上部软弱、适宜的地基持力层位置较深，当采用浅基础或人工地基在技术与经济上不合理时，宜采用桩基础。

桩基础根据制作方法可分为灌注桩与预制桩。其中，灌注桩适用范围广，通常适用于持力层层面起伏较大，可穿越各类土层及全风化基岩、强风化基岩；预制桩适用于荷载较大的建（构）筑物，广泛应用于软土地基。

对于处理碎石土、砂土、低饱和度的粉土与黏性土、湿陷性黄土、素填土和杂填土等地基，宜采用强夯地基处理方式。对于高饱和度的粉土与软塑—流塑的黏性土地基上、对变形要求不严格的工程，宜采用强夯置换地基处理方式。对于处理淤泥、淤泥质土、素填土等地基，宜采用水泥土搅拌桩或旋喷桩复合地基。对于其他类型的软弱地基，可根据《建筑地基处理技术规范》（JGJ 79—2012）采用振冲碎石桩、挤密桩复合地基或微型桩加固等地基处理方式。

2.2 总平面设计技术

变电站的电气总平面布置及配电装置选型，应该考虑所在地区地理情况和环境条件，因地制宜，节约用地，并结合运行、检修和安装要求，通过技术经济比选予以确定。

电气总平面布置应满足以下四项基本要求：

（1）用地节约：配电装置应尽可能布置紧凑，减少占地面积。

（2）运行安全和操作巡视方便：电气总平面布置要整齐清晰，并能在运行中满足对人身和设备的安全要求。

（3）检修和安装便利：对于各种布置方式，都应妥善考虑检修和安装条件。

（4）经济合理：总平面在满足节约用地、运行安全和操作巡视方便、检修和安装方便要求的前提下，要做到经济合理。

变电站平面布置时设计应确保满足机械化施工要求。在兼顾出线规划、工艺布置合理的前提下，变电站应结合自然地形布置。进站道路的设计在满足运行、检修、消防及大件运输等要求下，其路径应顺直短捷。站内道路布置除满足运行、检修、消防及设备安装外，还应符合带电设备安全距离的规定，同时综合考虑变压器、GIS等主要电气设备及建（构）筑物施工吊装方案，满足机械化施工技术要求。

变电站布置方式主要有户外式、户内式、地下式、半户内式、预制舱式，不同变电站的施工方式有较大差异。

2.2.1 户外变电站

户外变电站指变压器等设备均布置于室外的变电站，这种布置方式占地面积大、施工空间大、操作方便。户外变电站由于其占地面积大，对周边环境影响大，难以与城市建设要求相适应，设备裸露在大气中，易受到环境影响。

2.2.2 户内变电站

户内变电站是指主要设备均放在室内的变电站。该类型变电站减少了总占地面积，但对建筑物的内部布置要求更高，具有紧凑、高差大、层高要求不一等特点，户内变电站施工存在操作空间有限、施工工序严格等特点。

2.2.3 半户内变电站

半户内变电站是指除变压器以外，其余全部配电装置都集中布置在一幢生产综合楼内不同楼层的电气布置方式，半户内变电站与户内变电站施工方式相似。

2.2.4 地下变电站

地下变电站是指主建筑物建于地下，变压器和其他主要电气设备均装设于地下建筑内的变电站，地上只建有变电站通风口和设备、人员出入口等少量建筑。地下变电站施工存在地质条件复杂、施工场地狭小、施工工艺要求高等特点。

2.2.5 预制舱式变电站

预制舱式变电站是采用"积木化"的设计理念，将变电站的一次配电装置、二次设备等与预制舱在工厂内集成，通过标准接口，施工现场完成快速安装，大幅缩短建设周期，减少变电站的占地面积，节约土地资源。

2.3 设备选型与设计

按绝缘介质分，设备有油绝缘和气体绝缘。但是电流互感器和电压互感器如果是独立的设备，就是油绝缘；如果是在 GIS 内部就是气体绝缘。

为了进一步提高变电站施工效率，落实国家"双碳"目标要求，节约人力资源，电气设备也在朝着集成化、一体化、绿色化、智能化发展。

2.3.1 设备集成化技术

通过将设备集成化，采用紧凑型布置，可以减少占地面积，安装简单，接线方便，缩短施工周期。同时后期运行维护量小，给运行维护带来方便。

目前 GIS 作为集成化设备，技术已经十分成熟，母线筒结构也由分相式发展到三相共筒式，并且继续朝着小型化深化研究。变电站其余电气设备也在朝着集成化进一步发展，以电容器组为例，常见框架式电容器组是将单只电容器按次序固定安装在框架上，电容器之间及与串联电抗器、放电线圈等设备间通过裸露导体连接，设备四周设置围栏，占地面积大，施工周期长，见图 2.3－1。而集合式电容器组是由多个带小铁壳的单元电容器组成，其内部主要是多个并联的装有内熔丝的小电容元件和液体浸渍剂。单元电容器按设计要求并联和串联连接，固定在支架上，装入大油箱，注入绝缘油，电容器之间通过油绝缘来代替空气绝缘，组成集合式电容器组，见图 2.3－2。

图 2.3-1　框架式电容器组　　　　图 2.3-2　集合式电容器组

2.3.2　舱与设备一体化技术

舱与设备一体化技术是将变电站一次、二次设备安装于预制舱内，实现工厂化安装、调试，一体化集成运输，减少现场工作量和现场交叉作业，降低安全风险。

舱与设备一体化技术可以分为舱与一次设备一体化、舱与二次设备一体化。

2.3.2.1　舱与一次设备一体化

根据建设规模，将每台主变压器低压侧所带的配电装置分别布置于一个舱中。舱体无需现场拼接，舱体侧壁预留分段柜间的联系接口，现场只需通过标准化接口进行舱体间连接，消除了拼接舱体可能导致的漏水及消防问题，提高了设备的可靠性，同时现场进行模块化布置，方便于后期扩建要求。110kV GIS 舱见图 2.3-3。

2.3.2.2　舱与二次设备一体化

二次设备预制舱中，二次设备安装方式有屏柜式和机架式两种，机架式相较于屏柜式来说，打破了传统的屏柜概念，更好地实现集成化和模

图 2.3-3　110kV GIS 舱

块化的要求，将二次设备预制舱内传统的独立柜体取消，二次设备在预制舱内采用一系列按预定隔距配置的成对垂直构件组成基本框架进行安装，机架与舱体本身结构一体化设计、制造、安装。机架式二次设备预制舱见图 2.3-4。

图 2.3-4　机架式二次设备预制舱

2.3.3　设备绿色化技术

目前变电站的电气设备中绝缘介质主要分为油类和气体类，其中油类又以矿物油为主，气体类以 SF_6 为主。而矿物油和 SF_6 气体均存在难以降解等问题。

相比矿物油，天然酯燃点高，经过 20 天可降解 98%，寿命更是远长于矿物油。具有安全环保、火灾危险性小、使用寿命长等优点，目前国内 $10\sim220kV$ 天然酯绝缘油变压器已研制成功，正逐步推广应用。

相比 SF_6 绝缘气体，环保气体主要有干燥空气、N_2、C_5（$C_5F_{10}O$）等，无温室效应，具有低沸点、无毒性、环境适应能力强等特点，且无氟类气体运输、安装、运行和回收成本低。同时由于无碳成分，在拉弧操作气室中不会产生含碳分解物影响绝缘性能。目前，环保气体绝缘介质的 GIS 设备和开关柜设备已开始推广应用。

2.3.4　设备智能化技术

智能电气设备采用"设备本体+智能组件+传感器"的方案。以智能变压器为例，通过在变压器本体上增加相应传感器、智能组件设备，实现测量、控制和监测等功能，分别为监测功能组、合并单元、局部放电监测、油中溶解气体监测、有载分接开关控制，除此之外还包括冷却装置控制、光纤绕组测温等。智能变压器具备测量数字化、控制网络化、状态可视化、功能一体化、信息互动化的技术特征。设备智能化技术可以实现设备智能调试、智能运维，减少人力成本和时间成本。

2.3.5 设备运输限制条件

变电站设计环节应考虑设备运输是否满足限制条件。例如，变电站设备运输重量突破 500t 级，单一的运输方式很难满足要求，往往涉及公路、铁路和水路联合运输，运输装备从半挂车、液压平板车向低货台、桥式车组等车型组合式发展，运输距离超过 2000km，跨越多个省市，综合协调工作量大。

运输尺寸及质量主要受限于公路条例，根据《超限运输车辆行驶公路管理规定》（中华人民共和国交通运输部令 2016 年第 62 号）规定，除《汽车、挂车及汽车列车外廓尺寸、轴荷及质量限值》（GB 1589—2016）规定的冷藏车、汽车列车、专用作业车等车辆以外，其他车辆符合以下条件之一，则属于超限运输车辆：

（1）车货总高度从地面算起超过 4m。

（2）车货总宽度超过 2.55m。

（3）车货总长度超过 18.1m。

（4）二轴货车，其车货总质量超过 18 000kg。

（5）三轴货车，其车货总质量超过 25 000kg；三轴汽车列车，其车货总质量超过 27 000kg。

（6）四轴货车，其车货总质量超过 31 000kg；四轴汽车列车，其车货总质量超过 36 000kg。

（7）五轴汽车列车，其车货总质量超过 43 000kg。

（8）六轴及六轴以上汽车列车，其车货总质量超过 49 000kg，其中牵引车驱动轴为单轴的，其车货总质量超过 46 000kg。

当运输车、货物总高度从地面算起超过 4.5m，或者总宽度超过 3.75m，或者总长度超过 28m，或者总质量超过 100t，以及其他可能严重影响公路完好、安全、畅通情形的，还应当提交记录载货时运输车、货物总体外廓尺寸信息的轮廓图和护送方案。

变电站内常见的电力大件主要有变压器、电抗器等。对于 500kV 及以上变压器，通常采用单相变压器，以此减少运输重和尺寸。

2.4　装 配 式 技 术

目前变电站基本采用装配式建（构）筑物、预制小型基础及构件等，同时创新性应用装配式基础，整体装配式建设程度较高。

2.4.1 装配式建筑物

与传统的现浇混凝土建筑相比，装配式建筑具有绿色、环保、节能、高效等特点，其建筑模式的最大变化是由最初的"建造"变成"制造"。这种新型的建筑形式响应绿色低碳环保要求，有效节约资源，建筑整体能耗偏低，符合可持续发展要求。此外，装配式建筑一般通过工厂加工半成品和现场安装两个阶段进行建设，大部分建筑主要构件在工厂通过现代化生产线加工，现场安装则是工厂生产线的延续，工人按照一定的顺序进行安装，大部分的工序交由更精密的机器来完成，从而大大提高了工程精细化程度，同时减少施工现场生产中的垃圾和噪声，对生态环境的改善有着明显作用。

随着装配式建筑的发展，在变电站建设中使用装配式建筑物已渐渐引起人们的关注，这种方式也逐步成为变电站建设的主要形式。在设计变电站装配式建筑物时，有混凝土结构和钢结构两种类型供选择。目前钢结构技术较为成熟，变电站建筑物宜采用装配式钢结构建筑，按工业建筑标准设计，统一标准、统一模式，满足结构设计安全年限要求。

（1）建筑结构。变电站建筑物结构型式宜采用钢框架结构、轻型钢结构。采用钢框架建筑物主体结构的框架梁与框架柱、主梁与次梁、围护结构的次檩条与主檩条（或龙骨）、围护结构与主体结构、雨篷挑梁与雨篷梁、雨篷梁与主体框架柱之间宜采用全螺栓连接。

（2）围护墙体。应选用节能环保、经济合理的材料；墙板尺寸应根据建筑外形进行排版设计，减少墙板长度和宽度种类，避免现场裁剪、开洞；采用工业化生产的成品，减少现场叠装，避免现场涂刷，便于安装。

外围护墙体开孔应提前在工厂完成，并做好切口保护，避免板中心开洞。外围护墙体宜采用一体化铝镁锰复合墙板、一体化纤维水泥集成板、纤维水泥复合墙板等。内隔墙宜采用一体化纤维水泥集成墙板、纤维水泥复合墙板或轻钢龙骨石膏板。内隔墙排版应根据墙体立面尺寸划分，减少墙板长度和宽度种类。

（3）楼板及屋面板。钢框架结构屋面宜采用钢筋桁架楼承板，楼面宜采用压型钢板为底模的现浇钢筋混凝土楼板；轻型门式钢架结构屋面材料宜采用锁边压型钢板。钢筋桁架楼承板的底板宜采用镀锌钢板，采用咬口式搭缝构造，底模的连接宜采用圆柱头栓钉将压型钢板与钢梁焊接固定。

（4）门窗。门窗尺寸应根据墙板规格进行设计，减少墙板的切割开洞，外窗尽量避免跨板布置。当建筑物采用一体化墙板时，GIS 室宜在满足密封、安全、防火、节能的前提下采用可拆卸式墙体，不设置设备运输大门。

（5）管线敷设。管线敷设设计应在建筑墙体排板设计时同步开展，提前规划预留相关洞口，满足工厂加工要求。采用暗敷时，对具有预埋电气穿管的结构构件应进行标准化、模块化的设计，根据管线敷设路径预留敷设及操作空间。采用一体化纤维水泥集成墙板时，室内管线宜明敷，采用水平主槽盒加竖向分支槽盒的布置方式。

2.4.2　预制舱式辅助用房

变电站宜采用预制舱式辅助用房，实现小型建筑标准化设计、工厂化制作、成品化配送、机械化装配，具备可更换、移位、重复利用等特点，达到节能环保、安全快捷、优质高效的目的。

（1）舱体要求。预制舱式辅助用房可应用于警卫室等小型辅助生产用房，根据功能需求，可由多个基本单元拼装而成，拼接处预留连接板，现场通过螺栓连接。主体结构、围护体系及电气、水暖、通信等设施及对外接口均在工厂内一体化完成、整体运输，现场吊装就位。

（2）结构体系。主体结构可采用钢框架箱体结构，雨篷采用轻钢结构，在现场通过螺栓与建筑连接。运输过程中应采取可靠的固定措施，每个单元应设置可靠的吊点，起吊时应保证箱体两端平衡，不得倾斜。

2.4.3　装配式构筑物

变电站构筑物宜采用装配式围墙、防火墙、预制小型基础及构件等，工厂内规模生产、标准配送，现场快速组装，实现设计标准化，提高机械化施工效率。

（1）装配式围墙。装配式围墙柱宜采用预制钢筋混凝土柱或型钢柱。墙体宜采用预制墙板，围墙顶部宜设预制压顶。

（2）装配式防火墙。装配式防火墙宜采用预制墙板，防火墙柱基础宜采用独立基础。

（3）构支架。构架柱宜采用钢管结构或格构式结构，构架梁宜采用三角形格构式钢梁，构件采用螺栓连接，柱与基础采用地脚螺栓连接。设备支架柱采用圆形钢管结构或型钢，支架横梁采用钢管或型钢横梁，支架柱与基础采用地脚螺栓连接。

（4）预制小型基础及构件。小型预制基础（庭院灯基础、电源检修箱基础、空调室外机基础等）、预制水工构件（雨水井、检查井的井盖与泛水、排水沟明盖板等）和预制构筑物构件（混凝土散水、电缆沟盖板、电缆沟压顶、围墙压顶等）等可采用标准化小型预制结构。

（5）预制水工构筑物。化粪池宜采用装配式玻璃钢化粪池，其整体成型性好，便于工厂化生产。事故油池宜采用预制成品事故油池，主体结构采用工厂预制，运至现场再进行组装。

2.5 三 维 技 术

2.5.1 基于三维技术的选址优化

变电站作为电网工程的枢纽，合理的选址很大程度上影响了整个电网工程的建设。传统的选址往往需要花费大量的人力、物力以及时间，随着三维地理信息技术的发展，在三维环境下，可充分利用地理信息系统技术，结合无人机航测可使大量属性数据在三维场景中显现，直观反映站址区域的地形地貌、植被、道路、房屋等信息，为后续机械化施工方案制定提供可靠的地理信息数据。

无人机（见图 2.5-1）航测服务于变电站选址主要体现在比选和最终确定站址环节。目前比选环节首先需要根据设计人员的经验确定一个范围，由测量人员进行测量，通过无人机航测可以对初选出的较大范围完成快速航飞立体成图，然后由设计人员在电脑上进行三维选址，最终确定站址环节可以直观地对多个站址进行立体比对，在传统的地形图、数据比对基础上丰富了比对手段，有利于站址的确定。

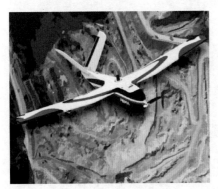

(a) 固定翼无人机　　　　　　(b) 旋翼无人机

图 2.5-1 固定翼、旋翼无人机

选址过程主要考虑地形、地貌、地势、地表建筑物、土石方、土地性质、水源情况、站外排水情况、周边污染情况、进站道路情况等，再结合机械化施工特点，为站址的遴选提供了有力的依据。

2.5.2　基于三维技术的配电装置优化

基于三维设计，充分考虑机械化施工条件，电气一次专业对于总平面的布置需要在典型设计方案的基础上进行优化，明确场地内设备选型的情况下，结合站外出线规划条件和站内各配电装置场地的对接条件，依据规程规范中对场地中各设备间、设备和设施间、设备和导体间、导体和导体间的控制条件，结合施工时的运输吊装条件，进行相关尺寸、高度的优化和校验。结合三维设计的特点，三维设计布置及优化的步骤如图 2.5-2 所示。

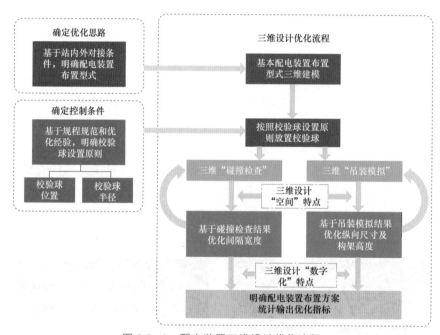

图 2.5-2　配电装置三维设计优化流程

2.5.3　基于三维技术的电缆敷设

在以往的工程设计中，设计人员通过常规电缆敷设设计软件进行设计，在施工图中仅能体现变电站电缆始端和终端安装单位处的电缆编号。由于电缆数量大、每个安装单位处电缆编号密集，导致施工期间电缆敷设路径无法提前规划，电缆沟内的电缆无法根据敷设数量合理排列，最终造成施工任务量大、运行后期电缆追溯困难等问题。电缆敷设三维设计可做到检查电缆填充率、知晓电缆通道中电缆敷设等情况，且每根电缆敷设路径和长度均可通过三维软件规划和计算在施工图中详细体现，电缆敷设见图 2.5-3。除了实现传统敷设软件的自动敷设、路径规划、线缆长度和材料统计等功能外，可实现的全景三维敷设效果展示可以明确所有线缆敷设路径，有效指导现场施工，也为机械化施工提供了有利条件。

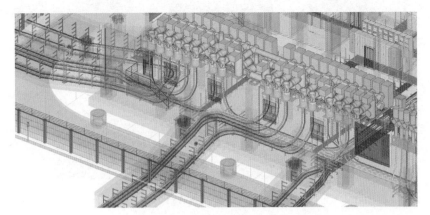

图 2.5-3　电缆敷设

2.5.4　基于三维技术的建筑结构二次深化设计

利用三维技术，对墙板、结构、管线全方位二次深化，精细设计，可提高建设效率，见图 2.5-4。应用"三维技术"设计理念，可从建筑空间布局、建筑围护材料优选、建筑节能设计、建筑造型设计等方面优化变电站建筑设计。在钢结构深化设计阶段，对模型进行节点深化及构件优化，然后再将深化完成的模型导入到三维设计软件中进行碰撞检查，使钢结构与机电、墙板及装修等专业之间存在的交叉问题彻底解决，三维建筑设计流程见图 2.5-5。针对三维结构中需要进行结构计算的模型（如建筑物、构架等），可利用计算模型与三维模型双向流通，实现计算模型与三维平台的数据整合，三维结构

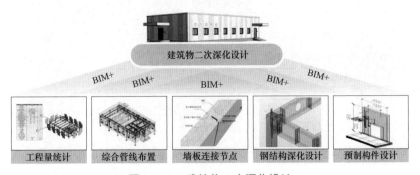

图 2.5-4　建筑物二次深化设计

设计流程见图 2.5－6。基于深化成果进行模拟预拼装,显著提升现场施工效率,为机械化施工提供坚实保障。

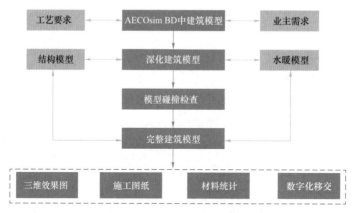

图 2.5－5　三维建筑设计流程

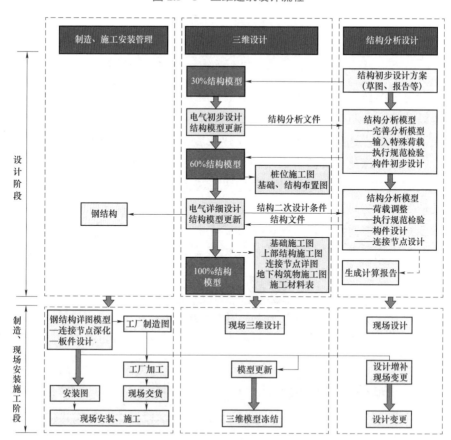

图 2.5－6　三维结构设计流程

2.5.5 基于三维技术的施工模拟

设计人员在三维设计的基础上，通过三维技术对整个施工过程进行动态模拟，实现对施工环境进行直观展现，并在此基础上对相关环节进行优化调整，更好地实现施工过程管理，减少施工过程中不确定因素的发生。变电站三维施工模拟场景主要包括大件运输路径优化、深基坑支护施工模拟、钢结构施工吊装模拟、电气主设备安装模拟、电缆敷设路径优化等。针对不同场景，在三维设计成果的基础上，通过模型整合、划分流水段、模型进度挂接等，完成基于三维设计模型的施工进度模拟，确定合理的施工程序、顺序，动态比选施工方案并优化提升，可节约成本、缩短工期、控制施工风险、提升生产和管理效率等效益，促进机械化施工。

2.6　220kV 变电工程设计实例

该站设计方案基于"标准化设计、工厂化加工、装配式建筑、机械化施工"的建设理念，推动变电站建设方式由"现场"到 "工厂"的转变，运维方式从"现场人工巡检经验型"向"后台智慧判断专家型"的转变。

2.6.1　工程概况

（1）工程建设规模。本期建设 2×180MVA 变压器，远期 3×180MVA。220kV 出线：本期 6 回，远期 8 回；110kV 出线：本期 8 回，远期 14 回；10kV 出线：本期 16 回，远期 24 回。无功补偿：本期配置"4 组 8Mvar＋4 组 6Mvar"电容器，远期配置"6 组 8Mvar＋6 组 6Mvar"电容器。

（2）站址条件。站址在区域地貌上属于江淮丘陵，微地貌为岗地及岗间洼地，地形略有起伏。站址场地地层分布主要为淤泥质土、黏土、花岗斑岩。场地区域地表平整，地势起伏较小，地层整体均匀，场地区域纵向、横向变化不大，判定为均匀地基。

2.6.2　站址选择与总平面布置

（1）站址选择。该站利用三维选址，选址的过程与传统的选址流程类似，系统专业提供新建站址的系统落点、系统规模及接入方案等，然后通过三维平台上高精度的三维数据还原实际的地理现状对站址进行初选，再通过变电及输电专业对站址的遴选得到若干备选站址。在此基础上，各专业综合考虑备选站址区域的地形地貌、道路、房屋、水源、站外排水等信息，结合变电站站址规划选择、大件运输条件、出线走廊规划等，最终比选确定站址定位。

（2）总平面布置。基于"空间整合"设计理念，220kV 采用户外 GIS 布置，110kV 采用户外 GIS 布置，二次设备采用舱式就地化布置，消防泵房及辅助用房均采用舱式布置。站内无建筑物，大幅减少占地面积，符合模块化设计理念。220、110kV 配电装置区分别布置在南北侧；主变压器及 10kV 开关柜预制舱布置在站区中部；无功设备布置在站内西侧；二次设备预制舱及预制舱式消防设备布置在站区东侧；辅助用房预制舱临近进站大门，变电站鸟瞰图见图 2.6-1。

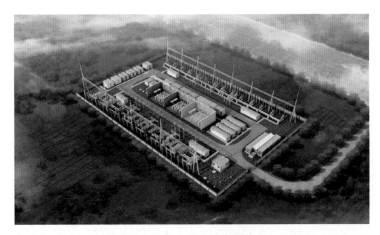

图 2.6-1　变电站鸟瞰图

2.6.3　电气设备选择与运输

变压器采用自然油循环自冷变压器，220、110kV 设备采用户外 GIS 设备、10kV 设备采用户内舱式纵旋式开关柜设备，见图 2.6-2。

（1）舱体设计。舱体设计包括舱体尺寸、舱式标准型式及设备连接方案和舱体的检修及试验。

1）舱体尺寸。考虑到运输的便捷性，综合考虑现场组装、试验、巡视、检修等因素，10kV 设备舱尺寸及模数见表 2.6-1。

图 2.6-2　10kV 开关柜预制舱

表 2.6－1   设备舱典型尺寸一览表

设备舱名称	长（m）	宽（m）	高（m）	单舱最大容量	舱数量
10kV 设备舱	14	3.4	3.3	17 个间隔	远期 3，本期 2
10kV 检修舱	5	3.4	3.3	—	远期 2，本期 1

2）舱式标准型式及设备连接方案。10kV 开关柜采用纵旋移开式柜，馈线间隔宽度 0.65m。根据标准舱体宽度，将每台主变压器低压侧所带的 10kV 开关柜布置于 1 个舱中，舱体无需现场拼接。

3）检修及试验。10kV 纵旋式开关柜为靠舱布置，舱与舱之间放一检修舱，正常情况下无需开启柜门检修，如遇特殊情况需柜后检修或将柜体移出，可打开柜后舱体后门，将设备移出舱外检修。

（2）设备连接方式。考虑连设备载流量及便捷性，主变压器与 220kV GIS，主变压器与 110kV GIS 之间连接采用架空线连接方式。主变压器与 10kV 开关柜舱之间采用母线桥连接。不同 10kV 开关柜舱体之间连接采用封闭母线桥方式连接。

（3）二次设备设计。全站二次/通信设备机架式预制舱安装全覆盖。全站二次设备安装于机架式二次设备预制舱，取消传统二次设备室。整舱机架安装风格统一，同时满足设备安装个性化要求。

2.6.4　装配式技术应用

变电站总布置充分考虑设备运输、安装、试验、检修等情况，满足变压器等大件设备及大型施工装备通行需要，功能区域划分、道路设置等满足机械化施工技术要求，方便施工机械作业。在此基础上应用装配式基础、预制舱、装配式构筑物等技术进一步推动机械化施工。

（1）装配式基础。综合考虑预制构件的模具通用性、制作成本、模台使用率和生产方式等因素，将基础拆分成若干标准预制构件，并考虑预埋件设置和预制构件重量。深化应用预制装配式基础的预制、运输、施工等配套技术，特别是装配式构造的节点连接施工技术，能够有效提高构件预制和施工质量，提高预制装配式基础的安全性和耐久性。结合机械化施工，预制舱采用装配式基础，见图 2.6－3。

（2）预制舱设计。为提高机械化应用范围，该站采用预制舱式辅助用房，预制舱效果图见图 2.6－4。舱体设计以标准化、少规格、多组合为原则，采

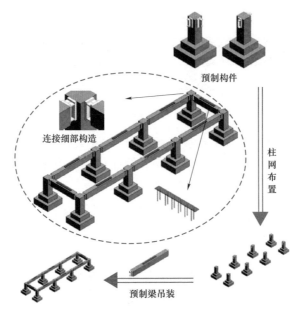

图 2.6-3 预制舱装配式基础

用标准化的构件、节点型式及建筑材料，以装配化、集成化、精装化的全新工艺，大幅减少现场工作量。舱体结构采用钢结构体系，主体框架采用轻钢框架结构，屋盖采用冷弯薄壁型钢檩条结构。舱体骨架整体焊接，保证足够的强度与刚度，舱体在起吊、运输和安装时不应产生永久变形、开裂或覆盖件脱落。

图 2.6-4 预制舱效果图

（3）装配式构筑物。该站采用装配式围墙、装配式混凝土防火墙、预制水工构筑物以及预制小型基础和构件（见图2.6-5），包括成品消防棚、成品玻璃钢化粪池、各类井圈、预制压顶、灯具基础等，提高了标准化水平，便于工厂化生产，有利于机械化施工。

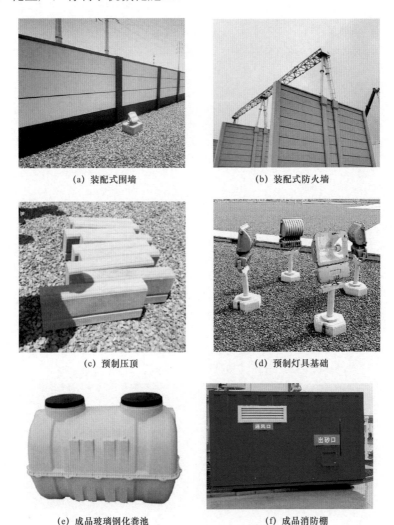

(a) 装配式围墙　　(b) 装配式防火墙
(c) 预制压顶　　(d) 预制灯具基础
(e) 成品玻璃钢化粪池　　(f) 成品消防棚

图 2.6-5　装配式构筑物及预制小型构件和基础

2.6.5　三维技术的应用

该站通过三维协同设计，实现专业内与专业间的数据交换与信息共享，消除设备、管道、支吊架、电缆桥架、土建结构之间的硬碰撞问题，同时解决诸如保温空间、热态位移空间、运行维护及检修空间等软碰撞问题；实现系统设计与布置设计关联校验、建模计算出图一体化、三维电缆自动敷设、仪表架快速布置、复杂空间电气安全净距校验等。通过开展基于三维技术的优化设计和深化设计，实现了设计、施工融合，为机械化施工的顺利开展创造有利条件。

3

土建工程机械化施工

本章主要分为变电站土建工程施工特点、装配式钢结构施工、预制式构筑物施工、构支架施工、地基与基础施工、地下变电站施工、土建施工智能建造和应用案例八个小节，介绍六类作业机械化施工技术内容，并结合实际案例介绍机械化技术成果应用情况。

3.1 土建工程施工特点

（1）预制装配率高。目前变电站预制装配建设占比高，变电站预制装配式建设采用工厂化生产、现场拼装的施工模式，改变了传统的现浇模式，减少现场湿作业，减少了现场作业人员数量，提高了机械化程度。

（2）土石方工程分布零散，零星工作量大。由于变电站建设的特殊性，建设地点受限制严重，选址多位于荒野、丘陵、水塘等地势不平坦地带，挖填方量不平衡，且变电站内设备及附属建（构）筑物多，土石方工作量大。

（3）作业面小，施工难度大。变电站土建工程由于其自身的特点，通常占地面积比较小，但功能却很全面，站内功能建（构）筑物种类多，变电站的土建施工必须考虑站内各个建（构）筑物之间的关联性以及独立性，决定了土建施工的复杂性。

（4）技术质量工艺要求高。现代的变电站多为无人值守变电站，使用的各种设备都比较先进、精密、自动化水平高，对变电站土建施工的技术质量工艺水平提出了更高要求。

根据变电站土建施工的特点，随着土建施工机械化技术的不断进步，变电站土建施工应用了大量的施工机械装备，见表3.1-1，提高了土建施工全过程机械化施工应用率。

表 3.1－1　　　　　　　　变电工程土建施工主要装备目录表

施工工序	序号	施工装备		规格/型号
土石方工程	1	挖掘机	履带式挖掘机	XE205DA
			轮胎式挖掘机	XE205DA
	2	推土机		420 型
	3	装载机		XT955
	4	铲运机		CAT627H
	5	自卸汽车		10m²
	6	压路机		18t
地基工程	7	压密注浆机		ZLJ－1200
	8	强夯机		SQH401
	9	小型夯实机		110 型
基础工程	10	静力压桩机		SWRP8600
	11	液压锤击桩机		YGH－950
	12	旋挖钻机		XR450E
	13	冲孔打桩机		CK2000
	14	挖掘机		XE205DA
	15	液压履带式打拔桩机		SY450R
	16	钢筋捆扎机		KOWY－395
	17	钢筋笼焊接辅助装置		—
主体结构工程	18	钢筋调直切断机		GT5－10（12）
	19	钢筋弯曲机		GW40
	20	钢筋切断机		420－A
	21	钢筋直螺纹滚丝机		XE205DA
	22	电渣压力焊机		SY450R
	23	塔式起重机		QTZ40
	24	轮胎式起重机		SQLY80
	25	履带式起重机		W1－50
	26	木工圆盘锯		W10012－400
	27	混凝土搅拌运输车		—

续表

施工工序	序号	施工装备	规格/型号
主体结构工程	28	混凝土搅拌机	JZC500
	29	混凝土泵车	—
	30	混凝土输送泵	—
	31	插入式振捣器	ZN70
	32	附着式、平板式振动器	ZN1.5
	33	智能随动式布料机	HG17B−3R−Ⅱ
	34	物料提升机	SS100
主体结构工程	35	电动扭矩扳手	SGDD
	36	冲击型电动扳手	GB−250 A5
	37	电动扭剪扳手	H30
	38	电动数显扭矩扳手	SGSX
装饰装修工程	39	地坪抹光机	手扶式
	40	抹灰机	SY800
	41	砂纸打磨机	BD−0120
	42	高处作业吊篮	ZLP800
	43	曲臂升降车	SJZC−6
	44	射钉枪	1013J
	45	空气压缩机	DH−10A
	46	电动切割机	GWS18V−10
	47	打胶机	RW−983A
	48	吸尘器	4800W
	49	电动葫芦	10TCD
	50	多功能喷涂机	PS3.25
室外工程	51	振动压路机	18t
	52	沥青摊铺机	徐工 903
	53	预制围墙运输安装一体机	—
	54	切割机	SRX−QG
	55	道路抹平机	YXTZ219−A

施工工序	序号	施工装备	规格/型号
室外工程	56	挖掘机	XE205DA
	57	翻斗车	ZT830
	58	空气压缩机	DH－10A
	59	活扳手	—
	60	钢丝钳	—
	61	一字螺丝刀	—
	62	接地电阻表	GY315
	63	经纬仪	DS05
	64	水准仪	DSZ2/J2－2
	65	全站仪	NTS－391R
	66	回弹仪	ZC3－A
	67	钢卷尺	5m/50m
	68	扭矩扳手	20～100N
	69	通风机	T35－11
	70	电焊机交流	BX3
	71	电焊机直流	ZX7－400W
	72	发电机交流	TO7600ET－J
	73	发电机直流	Z4－112/2－1
	74	抽水机	250QJ200－80
	75	潜水泵	150QJ10－50/6

3.2　装配式钢结构机械化施工技术

3.2.1　施工工序及技术特点

　　装配式钢结构建筑施工工序主要分为：施工准备→测量放线→基础及地脚螺栓施工→钢柱钢梁安装、校正→高强度螺栓连接副安装→楼承板安装→檩条安装→墙板安装→检查验收。

装配式钢结构是一种适合变电站建筑的结构形式，具有开间大、自重轻、延性好、平面布置灵活等特点。钢结构框架杆件类型少，且大部分采用型材，安装简单，施工效率高；梁柱、主次梁之间通过连接板采用高强螺栓刚性连接，方便高效，减少现场焊接，可以缩短工期，更加环保。

钢结构外墙板采用工厂化预制墙板，安装时使用汽车式起重机直接吊装，直臂车配合安装收边，具有质量精度和生产能效高、施工进度快等优点。

3.2.2　钢结构施工装备

钢结构施工装备包括经纬仪、平板运输车、汽车式起重机、剪叉式升降平台、电动力矩扳手、曲臂升降车等施工装备，下面主要对汽车式起重机装备特点和施工要点进行说明。

（1）装备特点。汽车式起重机是装在普通汽车底盘或特制汽车底盘上的一种起重机，其行驶驾驶室与起重操纵室分开设置。汽车式起重机吊装具有方便灵活、工作效率高、转场快等优点，见图3.2-1。起重范围为8~500t，是使用最广泛的起重机类型。

图3.2-1　汽车式起重机吊装

（2）施工要点。

1）吊装前根据高度、重量及场地条件等选择起重机械，并计算合理吊点位置、起重机停车位置、钢丝绳及拉绳规格型号等。在吊点处宜采用合成纤维吊装带绕两圈，再通过卸扣与吊装钢丝绳相连，以确保对钢柱镀锌层的保护。

2）吊装应由专人指挥，吊装前应试吊。吊起一端高度为 100mm 时停吊，检查索具牢固和起重机稳定性，确认安全后方可继续缓慢起吊。空中运行阶段起重机指挥人员应密切注意构件的起吊状态。

3）钢梁宜采用两点起吊；当单根钢梁长度过长，采用两点吊装不能满足构件强度和变形要求时，宜设置 3～4 个吊装点吊装或采用平衡梁吊装，吊点位置应通过计算确定。

3.2.3　高强螺栓紧固装备

高强螺栓按施工工艺分为扭剪型高强螺栓和大六角高强螺栓，紧固装备包括手动扳手、冲击型电动扳手、电动扭矩扳手、电动扭剪扳手等施工装备，下面对电动扭矩扳手装备特点和施工要点进行说明。

（1）装备特点。电动数显扭矩扳手（见图 3.2-2）是装配螺纹件及螺栓的施工工具，具有数显扭力、无刷电机、无级变速、一键正反转等功能，可以用于变电站钢结构大六角高强度螺栓施工，扭矩范围为 50～3500N·m，套筒规格型号根据现场需求可以定制。

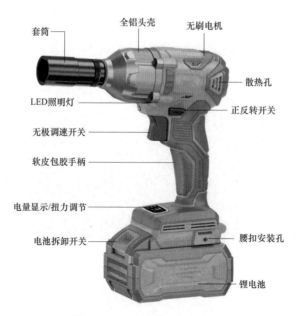

图 3.2-2　电动数显扭矩扳手

（2）施工要点。

1）开动主机前先装上电动扳手反作用力臂并找准反力臂支撑点，调整扳手四方驱动头并与套在螺母上方的四方套筒相匹配。

2）手动调整扳手液晶屏上控制按钮，将控制仪的扭矩调到拧紧所需要的扭矩值，确定好电动扳手的正反转。

3）按下启动键扳手开始工作，当电动扳手反力臂靠牢支撑时（支点可以是邻近的一只螺栓或其他可作支点的位置）螺栓开始拧紧，当螺栓扭矩达到预定扭矩时，扳手便会自动停止完成拧紧工作。

4）如果遇到反力臂与支撑点卡得太紧不能脱离时，调整正反向开关至反向，点动启动扳机扳手即可取下。

5）高强度螺栓的紧固最少要分两次进行，第一次为初拧，初拧的扭矩值最低不小于拧紧扭矩值的 40%。第二次为终拧，为使螺栓群中所有螺栓受力均匀，初拧、终拧都应严格按紧固顺序操作。

6）严格按照电动扭矩扳手操作规程进行操作，初拧完毕的螺栓，应做好标记以供确认，防止有漏掉的螺栓；安装螺栓时要保证摩擦面应处于干燥状态，终拧扭矩必须按设定值要求进行。

7）螺栓的力矩或预紧力由于外力、温度、振动等因素的影响，每次打出的最终扭矩值存在差异，扭矩偏差在 ±5% 之内属于正常。

8）对已经设定扭矩的电动扳手，螺栓从预紧到紧固，可以旋转 30° 角。对已达到所设定扭矩的螺栓就无需再次使用扳手，否则会增大螺栓扭矩，同时也会使螺栓和电动扳手的负荷增大，损坏螺栓和扳手。

3.2.4　其他装备

其他装备主要有地坪抹光机、激光整平机等地面施工装备，下面对装备特点和施工要点进行说明。

3.2.4.1　地坪抹光机

（1）装备特点。地坪抹光机主要分为手扶式和座驾式两种型号，分别见图 3.2－3、图 3.2－4。地坪抹光机适用于混凝土地坪及环氧、耐磨地坪表面的抹平、抹光。

（2）施工要点。

1）抹光机工作时，需握紧操纵杆，让机身保持平衡；地坪上作业时需及时调整方向，以免抹光机失去控制。

2）在混凝土达到临界初凝期时，用抹光机粗抹一、二遍进行整平，达到提浆和压实的效果。

3）混凝土终凝前，用抹光机开始进行机械压光，按照浇筑顺序从一端向另一端依次进行抹平、压光，整个抹压时间需在混凝土终凝前完成。

图 3.2 - 3　手持式地坪抹光机

图 3.2 - 4　座驾式地坪抹光机

3.2.4.2　激光整平机

（1）装备特点。激光整平机适用于变电站钢结构室内混凝土地面、广场地坪等区域的整平施工。激光整平机主要分为两轮（手扶式，见图 3.2-5）和四轮（座驾式，图 3.2-6）两种型号。激光整平机主要由激光扫平仪、刮板、振动器、振动板、液压伸缩杆等部件组成，将找平、整平、振捣等多道工序整合在一起，通过整平头系统、激光系统和控制系统三大主控系统，实现地面一次性整平。

（2）施工要点。

1）将激光扫平仪安装在不受施工影响的地方，同时保证激光能覆盖到自动整平机作业范围。

2）将手持接收器对准杆立在基准点上，调整手持接收器在对准杆上的高度，使激光照射在手持接收器中心线位置，找准中心线后会有绿色 LED 灯闪烁提示。最后，根据手持接收器在对准杆上的高度调整自动整平机上激光接收器的高度。

3）在自动整平机整平过程中，可利用手持激光接收器随时抽查混凝土标高，标高出现偏差时手持激光接收器会闪烁红色 LED 灯提示，并显示应调整的幅度。

图 3.2-5　激光整平机（两轮）

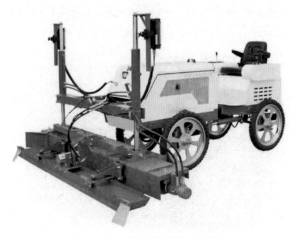

图 3.2-6　激光整平机（四轮）

3.3　预制式构筑物机械化施工技术

3.3.1　施工工序及技术特点

预制式构筑物施工工序主要为：预制构件材料及堆场场地准备→基础复测、清理及校核→预制构件吊装就位→检查验收。

预制式构筑物工厂化生产加工，有成熟的施工工艺做保证，便于控制成品质量。同时可以提前为工程施工做准备，不受现场施工工序限制，缩短施工时间。与现场现浇混凝土相比，减少湿作业量。

3.3.2　预制围墙施工装备

预制围墙施工装备包括平板运输车、汽车式起重机、经纬仪、电焊机、手动胶枪、预制围墙运输安装一体机、吊具、专用收光刀等施工装备，下面主要对预制混凝土围墙使用的预制围墙运输安装一体机的装备特点和施工要点进行说明。

（1）装备特点。预制围墙运输安装一体机为预制围墙构件施工专用工具，可机械化夹取预制构件，并控制预制构件在空间内自由旋转，将预制围墙构件从"运输形态"调整至"安装形态"，实现预制围墙快速机械化安装。

（2）施工要点。

1）调整预制围墙夹具，夹取预制围墙柱，将预制围墙柱运输至安装部位。

2）利用平面旋转系统、垂直翻转系统将预制围墙柱由横置状态转换为竖直安装状态，放置于杯口中，再利用运输安装一体机的前后移动和移动门架的左右移动，精确控制围墙柱放置于预埋钢板上。预制围墙柱施工见图3.3－1。

图3.3－1　预制围墙柱施工

3）预制围墙柱安装完成后，调整夹具夹取预制围墙板，并运至安装部位。

4）调整安装器具高度，使围墙板底部高于预制围墙柱。利用平面旋转系统、垂直翻转系统将预制围墙板调整为竖直安装状态，再利用运输安装一体机的前后移动和移动门架的左右移动，精确控制围墙板对准两侧围墙柱卡槽，并平稳落下。预制围墙板施工见图 3.3－2。

图 3.3－2　预制围墙板施工

3.3.3　装配式防火墙施工装备

装配式防火墙包括装配式混凝土防火墙和装配式钢结构防火墙，施工装备包括汽车式起重机、曲臂升降车、平板运输车、经纬仪、手动胶枪、吊具、高强螺栓紧固扳手、混凝土搅拌运输车、混凝土泵送车、插入式振捣器等施工装备，下面对装配式防火墙使用的曲臂升降车的装备特点和施工要点进行说明。

（1）装备特点。曲臂式升降平台（见图 3.3－3）主要由专用底盘、工作臂架、三维全旋机构、柔性夹紧装置、液压系统、电气系统和安全装置等部分组成，可用于变电站装配式钢结构和预制混凝土防火墙的安装施工高空作业。防火墙机械化施工工具有安全可靠、操作简便、作业稳定性好等特点，能够有效提高高空作业安全性和效率，见图 3.3－4。

（2）施工要点。

1）使用曲臂式升降平台必须配置经过专门培训，考试合格，持证上岗的专业操作人员。

2）曲臂式升降平台操作人员必须按照机械设备的保养规定，在执行各项检查和保养后方可启动曲臂式升降平台，工作前应检查曲臂式升降平台车的工作范围，清除妨碍曲臂式升降平台车回转及行走的障碍物。

3）支撑是曲臂式升降平台操作的重要准备工作，应选择平整的地面，如地基松软或起伏不平，必须用枕木垫实后，方可进行工作。

4）作业人员必须佩戴安全带，曲臂式升降平台一般应先起下臂，再起中臂最后起上臂。在曲臂式升降平台回转操作过程中，回转应缓慢，同时注意剪臂及平台对各设备的距离是否满足安全要求。

图 3.3－3　曲臂式升降平台

图 3.3－4　防火墙机械化施工

3.3.4　小型预制构件施工装备

变电站小型预制构件主要包括预制雨污水（检查）井、预制电缆沟和电缆沟盖板、预制混凝土散水、预制路侧石、预制空调基础、预制灯具和监控基础、预制端子箱和电源检修箱基础、预制巡视小道、预制主变压器油池压顶等预制构件，预制构件全部是工厂化加工生产制作，运输至现场进行安装。现场施工涉及的机械装备主要为汽车式起重机、平板运输车、叉车、自卸汽车、搬运装置和辅助测量仪器等装备，下面对小型预制构件搬运装置的装备特点和施工要点进行说明。

（1）装备特点。小型预制构件搬运装置（见图 3.3－5）由底座、支撑架和自锁搬运夹具组成，适用于变电站预制路侧石、预制散水和预制基础等小型预制构件的搬运安装，具有操作简单、安全可靠、轻巧省力和工作高效等特点。

（2）施工要点。

1）预制构件检查。对运到施工现场的预制构件进行检查，应轻拿轻放，避免损坏。对强度不合格、色泽不一致、外观尺寸不符合要求等存在质量缺陷的严禁使用。

2）预制构件搬运。使用时先将固定夹口卡住石材的一侧，然后压下悬臂使活动夹口张开卡住另一侧，当拉起悬臂时两个夹口会收紧牢牢夹住预制混凝土构件两端，移动到铺设场地即可。

3）预制构件安装。安装时，用测量仪器控制预制构件的安装精度，满足安装工艺要求。

图 3.3－5 小型预制构件搬运装置

3.4 构支架机械化施工技术

3.4.1 施工工序及技术特点

构支架关键施工工序分为：测量放线→构件二次倒运→构架柱、梁组装→构架根部灌浆→构架、横梁吊装及找正→二次灌浆→梁柱螺栓复紧→检查验收。

构支架安装是变电站安装的重要环节，集高处、起重作业为一体，工作强度大，危险性大。主要应用汽车式起重机、高强螺栓紧固扳手、高空作业平台车等施工装备。

3.4.2 构支架吊装装备

构支架施工装备包括经纬仪、汽车式起重机、高处作业平台车、电动扳手、气动扳手、力矩扳手等施工装备，下面对高处作业平台车和汽车式起重机的装备特点和施工要点进行说明。

3.4.2.1　高处作业平台车

（1）装备特点。高处作业平台车（见图 3.4-1）是一种安装在汽车式起重机主臂与副臂连接机构上的施工平台，便于施工人员在空中安全、方便、灵活地进行高处作业。

（2）施工要点。

1）高处作业平台安装时，首先调整可调连接机构上连扳的角度，与主副臂连接装置孔距一致。然后操作吊臂降至离地面最低点，将高处作业平台与吊臂上连接装置采用轴销连接好，并在轴销下端销入闭口销，高处作业平台即安装完毕。

2）高处作业平台使用前，检查平台的各连接点状态，重点检查各螺栓紧固和开口销情况，如有安全隐患应及时排除后方可使用。

3）作业平台使用时，必须核实平台搭载的人员及工器具、材料的重量，严禁超负荷使用。

4）高处作业平台随吊臂升降过程中，调平机构应随着吊臂的仰俯角度进行及时调整。调平机构在调平过程中，其丝杆行程应在设计范围内，避免过极限操作造成调平机构损坏。

5）在设备附近进行作业时，作业平台应与设备保持一定的间距，作业人员工作工程中不能过度用力造成作业平台剧烈晃动，防止平台与设备发生碰撞，导致设备损坏。

图 3.4-1　高处作业平台车

3.4.2.2　汽车式起重机

（1）装备特点。本节内容同3.2.2.1。

（2）施工要点。

1）吊装前根据高度、重量及场地条件等选择起重机械，并计算合理吊点位置、停车位置、钢丝绳及拉绳规格型号等。在吊点处宜采用合成纤维吊装带绕两圈，再通过吊装卸扣与吊装钢丝绳相连，以确保对钢构件镀锌层的保护。

2）所有钢构件出厂前按照顺序编号，先吊立中间两个轴线的构架柱，确定轴线后依次向两边吊立。

3）吊装应由专人指挥，钢构件吊装前应试吊，检查吊索及起吊机械安全后，再正式起吊。

4）构架梁宜采用两点起吊；当单根构架梁长度大于21m，采用两点吊装不能满足构件强度和变形要求时，宜设置3~4个吊装点吊装或采用平衡梁吊装，吊点位置应通过计算确定。汽车式起重机吊装施工见图3.4-2。

图3.4-2　汽车式起重机吊装施工

3.5 地基与基础机械化施工技术

3.5.1 施工工序及技术特点

地基与基础施工的主要工序为：施工准备→测量放线→地基处理→基础施工→检查验收。

地基处理是按照上部结构对地基的要求，采用机具装备对地基进行必要的加固或改良，提高地基土的承载力，保证地基稳定，减少上部结构的沉降或不均匀沉降。

常用的机械法地基处理包括强夯法、深层搅拌法、旋喷法、静力压桩等。使用机械化手段进行地基处理加快了工程进度，减少人力劳动，保证了工程安全、质量。

3.5.2 地基处理施工装备

地基处理施工装备包括强夯机、压密注浆机、挖掘机、推土机、压路机、检测仪器和测量仪器等施工装备，下面对强夯机的装备特点和施工要点进行说明。

图 3.5−1 强夯机

（1）装备特点。强夯机（见图 3.5−1）是将 8～30t 的重锤从 6～30m 高度自由落下，对土体进行强力夯实，提高地基的承载力及压缩模量，形成比较均匀的、密实的地基，在地基一定深度内改变了地基土的孔隙分布。强夯机适用于变电站地基加固，具有适用土质范围广，加固效果显著，施工速度快，施工费用低等特点。

（2）施工要点。

1）施工前场地应进行地质勘探，通过现场试验确定强夯施工技术参数或根据设计要求确定。

2）强夯前应平整场地，周围做好排水沟，按夯点布置测量放线确定夯位。地下水位较高时应在表面铺 0.5～2.0m 中

（粗）砂或砂石垫层，以防装备下陷和便于消散强夯产生的孔隙水压，或采取降低地下水位后再强夯。

3）使用强夯机进行地基强夯时，应分段进行，顺序从边缘夯向中央。每夯完一遍，用推土机整平场地，放线定位，即可接着进行下一遍夯击。

4）夯击时，落锤应保持平稳，夯位应准确，夯击坑内积水应及时排除。坑底土含水量过大时，可铺砂石后再进行夯击。离建筑物小于 10m 时，应挖防震沟。

5）夯击前后应对地基土进行原位测试，包括室内土分析试验、野外标准贯入、静力（轻便）触探、旁压仪（或野外荷载试验），测定有关数据，以确定地基的影响深度。

3.5.3　桩基础施工装备

桩基础施工装备包括静力压桩机、液压锤击桩机、旋挖钻机、冲击打桩机、挖掘机、液压履带式打拔桩机、钢筋捆扎机等施工装备，下面对静力压桩机装备特点和施工要点进行说明。

（1）装备特点。静力压桩机（见图 3.5-2）是利用机械卷扬机或液压系统产生的压力，使桩在持续静压力的作用下压入土中。每台桩机上安装 GPS 接收装置并加设显示屏，采用桩机直接定位坐标，使桩机在移动过程中即可完成待成桩的测量定位。静力压桩机施工时无噪声、无振动、无废弃污染，对地基及周围建筑物影响较小，利用信息化手段大大提升了施工效率，并消除了传统人工定位的中转累积误差。

（2）施工要点。

1）压装机型号和配重的选用应根据地质条件、桩型、桩的密集程度、单桩竖向承载力及现有施工条件等因素确定。

2）桩机就位时，应对准桩位，保证垂直稳定，在施工中不发生倾斜移动。

图 3.5-2　静力压桩机

3）桩机上的吊机在进行吊装、喂桩的过程中，压装机严禁行走和调整。

4）喂桩时，应避开夹具与空心桩桩身两侧合缝位置的接触。

5）压桩过程中要使用经纬仪和水准仪控制送桩深度与垂直度，始终保持轴心受压。第一节桩插入地面 0.5～1.0m 时，应调整桩的垂直度偏差不得大于 1/300。压桩过程中应控制桩身的垂直度偏差不大于 1/200。

6）压桩过程中要认真记录桩入土深度和压力表读数关系，以判断桩的质量及承载力。

7）终压连续复压次数应根据桩长及地质条件等因素确定，对于入土深度大于或等于 8m 的桩，复压次数可为 2～3 次，对于入土深度小于 8m 的桩，复压次数可为 3～5 次。稳压压桩力不应小于终压力，稳定压桩的时间宜为 5～10s。

8）接桩时，接头宜高出地面 0.5～1.0m，不宜在桩端进入硬土层时停顿或接桩。单根桩沉桩宜连续进行。

9）若桩顶标高较低，用专用送桩器送桩，其长度应超过要求送桩的深度。

3.6 地下变电站机械化施工技术

3.6.1 施工工序及技术特点

地下变电站是将主建筑物建于地下，通常是将变压器和其他电气设备均装设在地下建筑内，地上只建变电站通风口和设备、人员出入口等少量建筑。地下变电站上部一般结合绿化景观布置。

地下变电站由于主建筑物埋深地下，开挖深度较深，可达 25m，且开挖之前一般需要做围护支撑，所用的开挖机械通常与常规变电站不一致，如地下连续墙施工需要成槽机、铣槽机等。

3.6.2 深基坑开挖施工装备

深基坑开挖施工装备包括通用挖掘机、小型挖掘机、长臂挖掘机、推土机、渣土车等施工装备，下面对深基坑开挖使用的长臂挖掘机装备特点和施工要进行说明。

3.6.2.1 装备特点

长臂挖掘机是在原大小臂基础上加长一部分或者完全舍弃原大小臂换成加长的大小臂从而达到更广更深更高的工作范围，提高施工的经济效益。

长臂挖掘机的加长臂分为二段式、三段式、四段式，见图 3.6-1，主要用于地下变电站深基坑土方开挖。二段式挖掘机加长臂可加到 13～28m，三段式、四段式挖掘机加长臂可回到 16～32m。

(a) 二段式加长臂挖掘机

(b) 三段式加长臂挖掘机

(c) 四段式加长臂挖掘机

图 3.6-1　不同类型加长臂挖掘机

3.6.2.2　施工要点

（1）长臂挖掘机臂长比标准臂更长、更重、动作惯性更大，因此，操作时比标准臂要轻，各操纵过程应平稳，动作不宜过快、过猛，不宜紧急制动。

（2）挖斗容量按出厂标准配置使用，严禁更换使用大容量的挖斗，不能使用长臂举起超重的物品。

（3）液压缸活塞杆的运动不能达到行程的终点，应保持较短的安全距离。

3.6.3　地下连续墙施工装备

地下连续墙是基础工程在地面上采用一种挖槽机械，沿着预定轴线开挖出一条狭长的深槽，并在槽内吊放钢筋笼、浇筑混凝土筑成一个单元槽段，如此逐段进行，在地下筑成一道连续的钢筋混凝土墙壁，用作地下变电站深基坑围护、挡水作用。

地下连续墙施工装备包括挖掘机、成槽机、铣槽机、履带起重机、泥浆系统、潜水泵、电焊机、渣土车等施工装备，下面对地下连续墙使用的成槽机、铣槽机装备特点和施工要点进行说明。

3.6.3.1 装备特点

成槽机、铣槽机是施工地下连续墙时由地表向下开挖成槽的机械装备。作业时根据地层条件和工程设计，将土层开挖成一定宽度和深度的槽形空，放置钢筋笼和浇灌混凝土而形成地下连续墙体，成墙厚度可为 400～1500mm，一次施工成墙长度可为 2500～2700mm。目前用得较多的为抓斗式成槽机和双轮铣槽机，分别见图 3.6-2、图 3.6-3。

成槽机、铣槽机适用于地下变电站基础围护工程地下连续墙施工作业。

图 3.6-2 抓斗成槽机　　　　　　图 3.6-3 双轮铣槽机

3.6.3.2 施工要点

（1）成槽机垂直度控制。

1）在成槽期间，采用成槽机的显示设备对垂直方向进行跟踪观察，使其垂直度满足要求。

2）合理布置各槽段的挖槽次序，以平衡抓斗两侧的阻力。

3）在成槽完成后，采用超声波监控器对垂直度进行测量，如果垂直度不满足要求，应及时纠偏。

（2）成槽挖土。在挖槽期间，抓斗进出槽要缓慢、平稳，并依据成槽机仪表和测量的垂直度进行及时纠正。在抓土过程中，沟道两侧设置双向闸门，防止导墙中的泥浆污染。

（3）槽深测量及控制。

1）开挖沟槽时，要做好施工记录，对槽段的位置、槽深、槽宽等进行详细的记录，如有问题，要分析原因，并采取相应措施。

2）当槽段开挖到设计高度后，要及时检查槽位、槽深、槽宽等，确认符合要求，才能进行清淤。

3）在开槽期间，使用成槽机的显示设备对槽深度进行跟踪观察，使其能满足设计要求。

4）槽深采用标定好的测绳进行测量，每幅根据其宽度测 2～3 点，并按导墙标高来控制沟槽深度，确保设计深度。

5）清底要从下端抽出，并及时进行灌浆，清底后，底泥的比重不宜超过 1.15，沉淀物的厚度不宜超过 100mm。

（4）槽段分段部位控制。槽段的划分要综合考虑地质、水文、槽壁稳定性、钢筋笼重量、设备起吊能力、混凝土供应能力等因素。槽段分段接头的布置应尽可能避免在拐角处，且与诱导缝的位置一致。

（5）导墙转角处的施工。成槽机器在地底角落挖槽时，虽然紧靠着导墙工作，但由于抓斗箱和斗齿并不在槽口的范围内，转角处土壤挖掘不便。为了解决这个问题，在导墙的拐角上，根据所使用的挖槽机械端面形状，适当地延长 30cm，避免形成槽口不够，阻碍下槽。

3.6.4　钻孔咬合桩施工装备

钻孔咬合桩是采用全套管钻孔施工，在桩与桩之间形成相互咬合排列的一种基坑支护结构。为便于切割，桩的排列一般为一条素混凝土桩（A 桩）和一条钢筋混凝土桩（B 桩）间隔布置，施工时先施工 A 桩后施工 B 桩，A 桩混凝土采用超缓凝混凝土，要求必须在 A 桩混凝土初凝前完成 B 桩的施工。B 桩施工时采用全套管钻机切割掉相邻 A 桩相交部分的混凝土，实现咬合。咬合桩平面示意图见图 3.6－4。

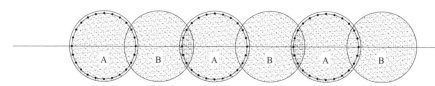

图 3.6－4　咬合桩平面示意图

　　钻孔咬合桩施工装备包括全套管钻机、挖掘机、起重机等施工装备，下面对钻孔咬合桩施工的全套管钻机装备特点和施工要点进行说明。

3.6.4.1　装备特点

　　全套管钻机（见图 3.6－5）是集全液压动力和传动、机电液联合控制于一体，可以驱动套管做 360°回转的新型钻机，压入套管和挖掘同时进行。全套管钻机包括动力站、工作装置和辅助钻具三大部分。动力站为外置，工作装置包括底座、动力支承平台、立柱、升降平台和套管夹紧装置。辅助钻具包括套管、抓斗、多头抓斗、重锤等。

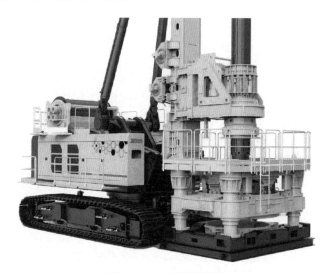

图 3.6－5　全套管钻机

3.6.4.2　施工要点

　　（1）总的原则是先施工 A 桩，再施工 B 桩，其施工工艺流程：A1－A2－B1－A3－B2－A4－B3，直至施工完成，见图 3.6－6。

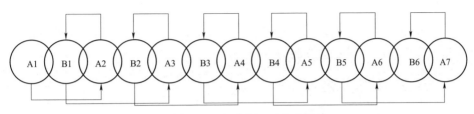

图 3.6-6 咬合桩施工工艺流程图

（2）钻机就位后，将第一节套管插入定位孔并检查调整，使套管周围与定位孔之间的空隙保持均匀。

（3）钻孔咬合桩施工前在平整地面上进行套管顺直度的检查和校正，首先检查和校正单节套管的顺直度，然后将按照桩长配置的套管全部连接起来，套管顺直度偏差控制在 1‰～2‰。

（4）每节套管压完后安装下一节套管之前，都要停下来用"测环"或"线锤"进行孔内垂直度检查，不合格需进行纠偏，直至合格才能进行下一节套管施工。

（5）成孔过程中如发现垂直度偏差过大，必须及时进行纠偏调整。若套管入土深度在 5m 以下时，可直接利用钻机的两个顶升油缸和两个推拉油缸调节套管的垂直度，即可达到纠偏的目的。

（6）由于套管内壁与钢筋笼外缘之间的空隙较小，因此在上拔套管的时候，钢筋笼将有可能被套管带着一起上浮。因此，B 桩混凝土的骨料粒应尽量小一些，不宜大于 20mm。在钢筋笼底部焊上一块比钢筋笼直径略小的薄钢板以增加其抗浮能力。

3.7　土建施工智能建造技术

3.7.1　现状与发展

建筑业是我国的支柱性产业，目前我国建筑业智能建造普及程度还比较低，存在着管理滞后、生产效益低等问题，与高质量发展的要求仍有一定距离。随着我国现代化步伐的加快，建筑行业发展将继续推进，将大大驱动建筑施工智能建造行业的发展进程。

近些年，随着变电站内装配式建（构）筑物的全面推广应用，机器人、BIM 和 5G 等新技术也不断应用于变电站土建施工，变电站智能建造水平有了长足的发展。

智能建造提高变电站建造水平，实现建造过程的高质高效、节能减排，是未来变电站高质量建设发展的方向。

3.7.2　建筑机器人

随着机器人技术的不断发展，以及工程施工要求的不断提高，建筑机器人在工程项目上也得到了一定的应用。使用建筑机器人进行施工作业，具有安全可靠，缩短工期和减少人力需求等优点。

（1）建筑清扫机器人用于变电站施工现场小石块与灰尘的清理工作，可以自行规划清扫路线，躲避障碍，清扫效率较人工有很大提高，可以解决建筑行业人力资源紧张成本上涨，效率低下等问题，见图 3.7－1。

（2）地面抹平机器人适用于变电站建筑物室内地面混凝土抹平施工。机器人对混凝土初凝地面进行抹平处理，相对于传统人工作业施工平整度误差更小，地面更加密实均匀，施工效率有较大的提高，见图 3.7－2。

图 3.7－1　建筑清扫机器人

图 3.7－2　地面抹平机器人

（3）地砖铺贴机器人适用于变电站建筑物室内地面瓷砖铺贴施工，见图 3.7－3。自动导航系统自主行走，精准定位铺贴位置。综合施工效率 4.14m²/h，可达传统施工的 2 倍，支持长时间连续作业。施工垂平度、接缝高低差和缝宽等质量指标均满足施工验收标准。机器人智能化施工相比于传统作业能有效减少用工。

图 3.7-3 地砖铺贴机器人

3.7.3 智慧工厂管理系统

国家电网有限公司在安徽创新开展了设备工厂化集成安装调试的实践，现场采用了智慧工厂管理系统进行安装质量管控。

3.7.3.1 系统组成示意图

智慧工厂示意图见图 3.7-4。

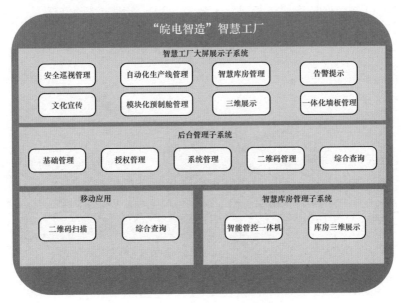

图 3.7-4 智慧工厂示意图

3.7.3.2 系统组成

（1）安全工器具一体机建设。安全工器具一体机进行无人值守库房管理，利用 AI 人脸识别摄像头实现对进出工器具室的人员进行动态人脸识别，自动判断出人员身份信息，并对不属于工器具管理的人员关闭系统操作界面，使其无法在系统操作工器具的出入库等。通过安装一体机识别装置，实时对没有通过系统记录而出库的工器具进行智能二次识别，并发出告警提示，并记录告警的工器具设备具体编号、类型、规格等信息。材料库见图 3.7－5。

图 3.7－5　材料库

（2）可移动推拉货架及货架盒子建设。为了实现对安全工器具及耗材的方便管理，配备可移动推拉式货架和货架盒子，见图 3.7－6。

图 3.7－6　可移动推拉货架

（3）可触摸展示屏建设。库房门口处安装触摸显示屏，展示区域物资分布信息，便于及时掌握物资数量分布信息，提高工作效率，见图 3.7-7。

图 3.7-7　可触摸显示屏

（4）门禁改造建设。通过在智慧库房入口处安装磁力锁采用人脸识别的方式实现自动化出入。提供多种开门模式：常开、常闭、人脸识别开门及远程控制开门等多种开门模式。可根据进出权限设置人员通行，避免无关人员进入。门禁系统见图 3.7-8。

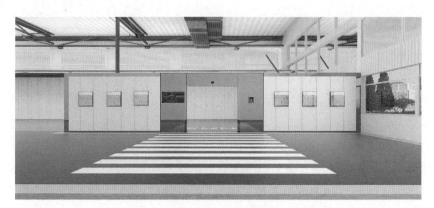

图 3.7-8　门禁系统

（5）视频监控建设。安装监控摄像头，通过设备的关联绑定，设备通过不同角度对现场的实时情况利用视频直播方式展示，实现对现场情况的可视化监控，可以监控材料领用情况。

（6）会议室展示设备建设。为了满足会议室内三维建模及三维展示，采购并安装高配支持三维建模画图笔记本电脑。

（7）设备标签建设。采用 RFID 标签管理、二维码标签管理实现对库房工器具、厂区内设备、标准舱产品、墙板产品等进行标签管理，实现设备全程可追溯。

（8）厂区无线覆盖建设。为了保证厂区无线全覆盖，配备壁挂式室外无线 AP（抗干扰能力强，功率大）、企业级路由器和交换机用于实现厂区无线全覆盖。

（9）生产设备状态监测装置。自主研发设备状态监测装置，通过电流电压的数据采集记录工作时间，根据生产线设备检修周期对设备进行自动预警并切断电源。

（10）厂区三维模型。对厂区进行三维建模，主要包含厂区监控视频点位、标准仓摆放区、墙体板材摆放区、生产线设备、智慧库房等区域，实现厂区整体三维立体模型组建。

（11）变电站建模。对变电站鸟瞰图进行三维建模。

3.7.4 智慧工地管理

"智慧工地"是实施在建筑工地，依托于高度信息化基础上的一种支持人事物全面感知、施工技术全面智能、工作互通互联、信息协同共享、决策科学分析、风险智慧预控的新的管理模式。智慧工地管理模式是在协同软件管理平台上，全面提升安全、文明施工、质量和成本管理水平，综合运用 BIM、VR、无线传输、物联网、互联网＋、大数据、云平台、终端 App、信息采集、人脸识别、自动研判、红外感应、二维码管理等信息化技术，实现了工程项目管理的流程数字化模拟、预警智能化处理和效能精益化提升。

（1）基于 VR 技术的虚拟现实环境安全培训系统。虚拟现实环境安全培训系统是基于 VR 技术的一项全新安全教育沉浸式体验系统，利用计算机生成一种模拟实际环境，是多源信息融合的、交互式的三维动态视景和实体行为的系统仿真。将 VR 虚拟环境与事故案例结合的虚拟体验系统，是通过虚拟化沉浸式体验，使施工人员亲身感受违规操作带来的危害，极大地强化了个人安全防范意识。虚拟现实环境安全培训系统见图 3.7-9。

（2）基于自动研判处理和物联网技术的扬尘联动治理系统。扬尘联动治理系统首先在应用终端设置好 PM2.5 和 PM10 的上限预警值，通过设备端传感器采集环境量化数据，结合无线传输、云平台和物联网技术实现数据实时上传到手机 App 端。当扬尘数据超过预警值时，系统自动启动场地喷淋和移

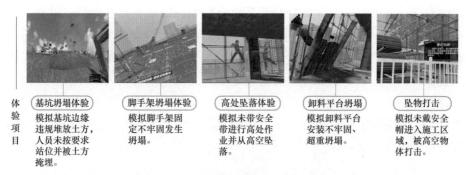

体验项目

基坑坍塌体验	脚手架坍塌体验	高处坠落体验	卸料平台坍塌	坠物打击
模拟基坑边缘违规堆放土方，人员未按要求站位并被土方掩埋。	模拟脚手架固定不牢固发生坍塌。	模拟未带安全带进行高处作业并从高空坠落。	模拟卸料平台安装不牢固、超重坍塌。	模拟未戴安全帽进入施工区域，被高空物体打击。

图 3.7－9　虚拟现实环境安全培训系统

动喷雾炮喷雾洒水降尘，第一时间抑制施工扬尘污染；当扬尘数据低于预警值时，系统自动关停。扬尘联动治理系统改善了传统的人工操作方式，大幅度雾炮机系统 App 提高应对反应，增加了大气净化效果；联动的雾区喷洒范围广，效果显著，做到起尘环节就治理粉尘，在扬尘区形成雾区，有效抑制污染，改善生态环境。扬尘联动治理系统见图 3.7－10。

系统App　　　　　　　　雾炮机

场地喷淋　　　　　　　　外架喷淋

图 3.7－10　扬尘联动治理系统

（3）基于云技术和大数据的智检 App 管理。智检 App 管理系统，用于快速、精确、高效地闭环工程项目日常质量问题。同时也具有安全、进度、物资等管理功能。智检 App 管理系统运用云平台＋大数据技术，建立现场模拟数据环境，不同岗位的管理者现场第一时间采集、上传问题信息，系统能自动接受与判定，将整改意见按分级推送到有关部门或责任人，提醒权限内的管理者知晓；问题整改闭环后的信息，也能第一时间通知涉及到的部门和管理者，形成整改闭环，利用云平台和大数据生成数据统计和图表。智检 App 管理系统见图 3.7－11。

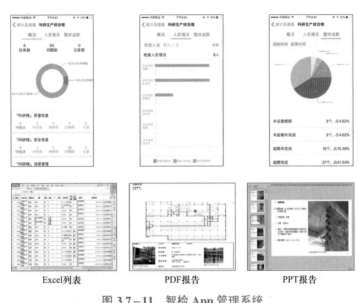

Excel列表　　　　　　PDF报告　　　　　　PPT报告

图 3.7－11　智检 App 管理系统

3.8　应　用　案　例

3.8.1　变电站土建机械化施工案例

3.8.1.1　工程概况

某变电站工程有主控通信室、继电器室、站用电室、辅助用房、消防泵房、警卫室，总建筑面积为 1544m²，辅助用房基础采用装配式基础，结构采用装配式钢结构框架，主变压器和电容器防火墙采用一体化集成墙板，站区围墙采用装配式围墙，由 H 型钢柱与装饰一体化墙板组成，电缆沟采用预制装配式电缆沟，雨水井、检查井、电缆沟盖板、散水、路侧石、护坡空心砖采用预制装配式，现场安装，主要采用的施工机械和工器具见表 3.8－1。

表 3.8－1　　　　　　　　　主要施工机械、工器具配置表

序号	机械装备	型号/规格	单位	数量	备注
1	起重机	25t	台	1	有检验合格证
2	剪叉式升降车	HYSJY0.3－16	台	2	有检验合格证
3	水准仪	S2	台	1	有检验合格证
4	经纬仪	/	台	1	有检验合格证
5	钢丝绳	6×37（FC）类，$\phi 20mm$，圆股钢丝绳，$L=15m$	根	6	用于吊装
6	吊带	8t	根	2	用于吊装
7	钢丝绳	$\phi 10mm$	m	350	用于缆风绳
8	活络卡环	5t	个	32	
9	安全带	—	付	6	航空背带式
10	手磨机	—	个	2	
11	手提切割机	—	个	1	
12	撬杠	$\phi 30mm \times 1500mm$，$\alpha=45°$	把	4	
13	铁锹	—	把	2	
14	锁扣	—	个	20	
15	帆布手套	—	双	50	
16	安全帽	—	个	8	
17	手动胶枪		把	1	
18	电动扳手	—	把	2	

3.8.1.2　装配式基础

辅助用房采用装配式基础，装配式基础通过模块化拆分，实现构件工厂化预制，现场采用 25t 汽车式起重机进行构件吊装施工，见图 3.8－1、图 3.8－2。

图 3.8－1　装配式基础吊装（一）　　　图 3.8－2　装配式基础吊装（二）

3.8.1.3　装配式钢结构

主控通信室、继电器室、站用电室、消防泵房、警卫室主体结构采用钢结构柱与混凝土柱预埋螺栓连接的形式，现场采用 25t 汽车式起重机和剪叉式升降车进行吊装施工，见图 3.8－3。

图 3.8－3　装配式钢结构吊装

3.8.1.4 装配式防火墙

主变压器防火墙和电容器防火墙采用一体化集成墙板，该集成板由两侧墙板＋中间骨架填充岩棉组成，外墙板为纤维水泥饰面板，中间为矩形钢管骨架，内部填充岩棉作为防火材料，现场采用25t汽车式起重机进行吊装施工，见图3.8－4、图3.8－5。

图 3.8－4 装配式防火墙吊装   图 3.8－5 装配式防火墙成品

3.8.1.5 装配式围墙

围墙采用装配式围墙，由 H 型钢柱与装饰一体化墙板组成，与围墙基础通过预埋螺栓连接，现场采用 25t 汽车式起重机进行吊装施工，见图 3.8－6。

图 3.8－6 装配式围墙施工

3.8.1.6 装配式电缆沟

电缆沟采用预制装配式电缆沟，沟段采用螺栓连接，连接处采用防水胶条和密封胶封堵，现场采用 25t 汽车式起重机进行吊装施工，见图 3.8－7。

图 3.8－7 装配式电缆沟

3.8.1.7 小型预制构件

预制雨污水（检查）井、预制电缆沟盖板、预制混凝土散水、预制路侧石、护坡空心砖全部是工厂化加工生产制作，运输至现场进行安装，见图 3.8－8～图 3.8－12。

图 3.8－8 预制检查井

图 3.8-9 预制电缆沟盖板

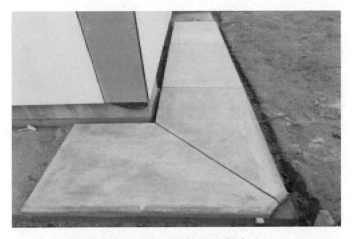

图 3.8-10 预制混凝土散水

图 3.8-11 预制路侧石

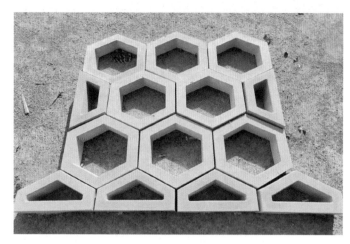

图 3.8－12　预制护坡空心砖

3.8.1.8　成效分析

（1）机械化装配式钢结构施工，与传统现浇混凝土结构相比，省去大量模板支设及拆除、钢筋绑扎、混凝土养护工作，安装速度更快。

（2）机械化装配式钢结构施工所使用的建筑材料具有轻质高强的特征，相对于混凝土建筑自重大大降低；且钢结构材料可拆装、可回收，更加绿色环保，符合国家绿色建造要求。

（3）机械化施工仅需配置若干机械和少数人工，与需要大量人工、模板和材料在内的传统混凝土结构相比，造价大大降低。

（4）预制装配式基础结构受力明确，能够有效提高基础的承载力和抗震能力。装配式基础通过模块化拆分，能够实现构件的工厂化预制，不受天气、环境等因素影响，制造速度快，构件质量可靠。

3.8.2　地下变电站"抓铣结合"超深地墙成槽案例

3.8.2.1　工程概况

某地下变电站地下三层，为主变压器室、电容器室、电抗器室、接地变压器室等，地上五层为生产管理用房，工程总建筑面积为 56 146m²，建筑总高度为 23.10m，其中，地下部分建筑面积为 29 690m²，基础设计埋深24m。

该工程围护形式采用 1200mm 厚地下连续墙，成槽深度 60m，为超深大厚度地下连续墙。结合工程地质情况，地下连续墙施工采用抓－铣相结合的成槽施工工艺，主要使用一台抓斗成槽机和一台铣槽机。

3.8.2.2　装备选择

（1）装备型号：SG60 型（见图 3.8－13），成槽深度 100m，成槽宽度 0.35～1.5m，最大提升力 600kN，抓斗重量 15～30t，抓斗最大提升高度 14.3m，主机重量 92.1t。

（2）装备型号：BC40 型（见图 3.8－14），最大开挖深度 65m，铣头宽度 2.8m，最大起重能力 120t，泥浆泵排量 400m³/h，桅杆高度 39m，整机重量 163t，见表 3.8－2。

表 3.8－2　　　　　　　　　　地下连续墙施工机械配置表

序号	装备名称	型号规格	数量	产地	制造年份	生产能力	用于部位
1	成槽机	SG60 型	2	国产	2010	厚度 1.2m	地下连续墙
2	铣槽机	BC40 型	2	国产	2009	厚度 1.2m	地下连续墙

图 3.8－13　金泰 SG60 成槽机　　　　图 3.8－14　宝峨 BC40 铣槽机

（3）采用了"抓铣结合"工法组合，该工艺对于上部软弱土层采用抓斗成槽机成槽，进入硬土层后采用铣槽机铣削成槽，大幅度提高了成槽掘进效率，并在铣槽机下槽的过程中对上部已完成的槽壁进行修整，确保整个槽壁垂直度达到要求，地下连续墙成槽施工见图 3.8－15、图 3.8－16。

图 3.8－15 地下连续墙成槽施工

图 3.8－16 地下连续墙转角成槽施工

3.8.2.3 成效分析

（1）适用范围广：该工程成槽深度 60m，为超深大厚度地下连续墙采用了"抓铣结合"工法组合，对上部软弱土层采用抓斗成槽机成槽，进入硬土层（或软岩层）后采用铣槽机铣削成槽，适应了地层中多种土质的复杂情况。

（2）成孔质量好："抓铣结合"工法组合，设有随机监测纠偏装置，确保整个槽壁垂直度达到要求。

（3）施工效率高；针对不同土层的情况，分别采用两种型号的成（铣）槽机进行成槽施工，对于上部在砂质粉土层前的土层，用成槽机直接抓取，抓斗的抓取效率也可以保证。进入到砂质粉土层后，用液压铣槽机铣削。提高了施工效率，比单一方法可缩短约20%的工期。

电气安装调试工程机械化施工

本章首先总结了变电站电气安装调试施工技术特点，将电气安装调试分为油绝缘设备施工、气体绝缘设备施工、户内及受限空间作业施工、临近带电作业施工、预制舱设备施工、设备调试施工等六类，逐一介绍这六类作业机械化施工技术内容，并结合实际案例介绍机械化技术成果应用情况。

4.1　电气设备施工技术特点

4.1.1　电气设备集成度高

随着输变电技术不断发展，主设备体积、重量不断增加，电气设备电压等级及集成度越来越高，机械化施工作业成为大势所趋。

以特高压换流站为例，其换流变压器运输重量接近 600t，安装完成后超过 900t。换流站施工效果图见图 4.1-1。

图 4.1-1　换流站施工效果图

根据电气设备施工方式不同，将电气设备分为油绝缘类设备和气体绝缘设备。油绝缘类设备主要有变压器、电压互感器、低压并联电抗器；气体绝缘类设备主要有 GIS 设备和充气式断路器。变压器和 GIS 设备集成度较高，对机械装备和施工工艺要求高，分别见图 4.1-2、图 4.1-3。

图 4.1-2　变压器　　　　　　　　图 4.1-3　GIS 设备

4.1.2　施工工艺水平提升快

随着输变电工程建设质量和绿色建造品质不断提升，变电站机械化施工要求不断发展，变电站安装工艺水平快速提升。

基于三维技术、智能化 GIS 设备防尘吊装装备、SF_6 气体回收装置、越界报警系统装置、低频电流短路法加热等新型工艺的智能化手段促进了机械化施工水平的提升，形成了一套面向输变电工程建设一线，先进适用、指导性强、操作简便、易于推广的标准工艺成果。

4.1.3　改扩建安全管控严格

变电站工程改扩建有利于提高地区电网的供电能力和可靠性。改扩建施工时主设备和母线均为带电体，施工机械和作业人员需与带电体保持一定的安全距离见表 4.1-1。

表 4.1-1　　　　施工机械操作及施工作业人员正常活动范围与
带电设备安全距离

施工机械操作		施工作业人员	
电压等级（kV）	安全距离（m）	电压等级（kV）	安全距离（m）
10 及以下	3.00	10 及以下（13.8）	0.70

施工机械操作		施工作业人员	
电压等级（kV）	安全距离（m）	电压等级（kV）	安全距离（m）
20、35	4.00	20、35	1.00
66、110	5.00	66、110	1.50
220	6.00	220	3.00
330	7.00	330	4.00
500	8.50	500	5.00
750	11.00	750	7.20
1000	13.00	1000	8.70
±50 及以下	4.50	±50 及以下	1.50
±400	9.70	±400	5.90
±500	10.00	±500	6.00
±660	12.00	±660	8.40
±800	13.10	±800	9.30
±1100	20.00	±1100	16.20

施工过程中大量使用提升施工效率与安全保障的机械化设备，可以有效减少因停电等不利因素对电网产生的影响。例如，狭小空间 HGIS 设备整体就位装置、越界预警系统等装置的运用在确保施工安全、工程质量的前提下显著缩短了施工工期。

4.1.4 三维技术应用

室内变电站设备众多，空间狭小，施工环节繁多密集，施工过程外部因素难以预测，仅使用平面图纸很难直观地表达复杂的施工过程，因此采用三维技术进行技术交底，直观阐述施工要点与安全注意事项。

采用三维技术对电抗器等大型设备进行安装模拟，模拟不同工况下的汽车式起重机座位及设备吊装，分析吊装过程中可能遇到的风险点，进行多方案论证，选择最优方案。户内三维动画示意图见图 4.1-4。

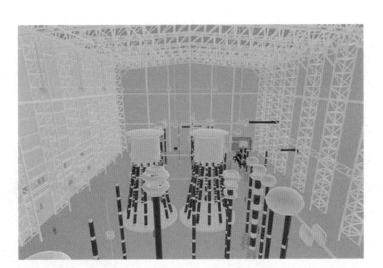

图 4.1-4　户内三维动画示意图

4.2　油绝缘类设备施工技术

油绝缘是一种常见的绝缘方式,采用油绝缘的电气设备在安装过程中与常规设备有着很大的不同,通常需要采用干燥空气发生器、滤油机、真空机组等装备完成施工作业。

4.2.1　施工工序及技术特点

变电站常见采用油绝缘方式的高压电气设备有变压器、电抗器、电压互感器等,此类设备的安装工艺及安装时使用的机械设备有许多共同点。

变压器(电抗器)设备大、重量重,安装工艺复杂,主要施工流程为:施工准备→基础复测→变压器本体就位→附件安装→器身检查→升高座及套管安装→抽真空→真空注油,热油循环→静置,排气,密封性试验→电缆敷设及二次接线→整体检查与试验,质量验收。

电压互感器设备安装高度较高,安装工艺复杂、危险性较大,主要施工流程为:施工准备→设备安装→附件与接地安装→电气试验→质量验收。

采用油绝缘方式的设备在安装施工的过程中,其设备本体和附件主要使用汽车式起重机吊装,绝缘油处理需使用干燥空气发生器、真空泵、滤油机等各类施工装备。

以下就油绝缘类设备安装过程中经常使用到的干燥空气发生器、真空泵、滤油机以及主设备安装智能感知装置、变压器低频电流短路法加热装置进行重点阐述。

4.2.2　干燥空气发生器

4.2.2.1　适用范围

干燥空气发生器（见图4.2－1）是专为变压器、电抗器等大型电力设备在安装、检修时提供露点高达－60～－70℃的干燥空气。

4.2.2.2　设备组成

干燥空气发生器装置主要由气源系统、冷冻干燥系统、吸附干燥系统和电气控制系统等部分组成。

4.2.2.3　技术原理

图4.2－1　干燥空气发生器

大气经空压机进入储气罐，大部分水分被压缩液化经排水阀排出，空气进行第一次干燥；之后进入冷冻式干燥机，水汽被凝结成水，空气进行第二次干燥；最后进入吸附式干燥机进行第三次干燥，将剩余微量水分吸附掉，经过高精度空气过滤器输送至需要干燥气体的设备中。

4.2.2.4　操作要点

（1）运行前应检查各电磁阀、各阀门运行情况，检查冷冻机的冷媒压力；空压机严禁带负荷（内部有残存压力）启动。

（2）适时观察硅胶的颜色，必要时烘干或更换。

（3）设备正常运行时，必须将所有的排污阀缓慢地开启少许并保证流通。

（4）设备运行时必须打开全部防阀门进行通风、散热。

（5）设备完成工作后必须清洁设备、关闭所有阀门（避免吸附剂受潮）并切断电源。

4.2.2.5 应用效果分析

干燥空气发生器进行变压器、电抗器安装、检修时，可以保障内部含氧量，提高器身检查等有限空间作业安全性。其次，该装置的使用减少了变压器安装时受外界气候条件影响，隔夜施工时，只需封好各处法兰，充干燥空气达到 0.01～0.03MPa，大大减少了工作量，达到缩短工期、提高安装检修质量的效果。

4.2.3 真空机组

4.2.3.1 适用范围

真空机组（见图 4.2-2）适用于变电站变压器、GIS 设备等主设备抽真空使用。

图 4.2-2 真空机组

4.2.3.2 设备组成

真空机组主要由罗茨泵、真空泵、主阀等部分组成。

4.2.3.3 技术原理

真空机组的型号种类很多，常见有 VG4200、VG2000、JZJX300 等，具体技术参数见表 4.2−1。

表 4.2−1 真空机组主要技术参数

型号	外形尺寸（mm×mm×mm）	质量（kg）	功率（kW）	抽气速率（m³/h）
VG4200	2000×1500×1900	2400	22	4200
VG2000	2000×1270×1800	1700	14	2000
JZJX300	1500×1000×1300	1070	12	1080

以变电站常用的真空机组 VG4200 为例介绍其技术原理。真空机组 VG4200 是由真空泵 SV300B 与罗茨泵 EH4200IND 作为主要真空抽取设备，经过阀组与齿轮传动装置的配合，真空泵通过高速运转的齿轮带动叶轮转动，从而产生一定的离心力。

4.2.3.4 操作要点

（1）真空泵的工作压强应该满足真空设备的极限真空及工作压强要求。

（2）正确地选择真空泵的工作点。

（3）施工前应了解被抽气体成分，气体中含不含可凝蒸气，有无颗粒灰尘，有无腐蚀性等。

（4）真空设备对油污染的要求。若设备严格要求无油时，应该选各种无油泵。

（5）真空泵在其工作压强下，应能排走真空设备工艺过程中产生的全部气体量。

4.2.3.5 应用效果分析

220kV 及以上变压器、电抗器应进行真空处理，该装置可在不同电压等级变电站变压器、电抗器、GIS 设备安装中广泛应用，满足抽真空时真空度和真空保持时间要求，有效提高工程主设备安装质量和效率。

4.2.4 滤油机

4.2.4.1 适用范围

滤油机（见图 4.2−3）是用重力、离心、压力、真空蒸馏、传质等技术方法除去不纯净油中机械杂质、氧化副产物和水分的过滤装置，广泛应用于变压器等设备的绝缘油处理，使其发挥最佳性能并延长使用寿命。

图 4.2-3 滤油机

4.2.4.2 设备组成及种类

（1）滤油机的组成：滤油机由阀组、过滤器、油加热器、温度调节器、油位计、管道、控制单元等部分组成。

（2）根据滤油机的原理不同，可分为板框滤油机、真空滤油机、离心分离滤油机等；根据滤油机的功能不同，可分为过滤杂质的滤油机、自动排渣滤油机、布袋式滤油机等。

4.2.4.3 技术原理

滤油机内部有一个带有双喷式喷嘴的转子，由机油所产生的压力来提供其驱动力。设备开启后，通过泵将油箱内机油送至转子内，待机油充满转子后就沿转盘下部喷油嘴喷出，继而产生驱动力使转子高速旋转。它的转速能达到 4000～6000r/min 以上，直接驱使杂质自机油中分离出来。

4.2.4.4 操作要点

（1）滤油机常规操作步骤：按真空泵→进油泵→加热器→排油泵的顺序开机，停机时顺序相反。

（2）使用前要全面清洗，过滤器要更换或清洗后，再与变压器连通。

（3）加温时，滤油机进油管接变压器最底部阀门，滤油机出油管接变压器上部阀门。

（4）开机时，待有油流后，才能开加热器；停机时，先停加热器，再停油流。

（5）开机前，检查罗茨泵、真空泵、加热器、转动防护装置是否完好，进油与出油处管口必须安装牢固。

（6）滤油时，操作人员不得擅自离开现场，注意工作地点周围的安全状态，周围 10m 范围内不得有明火，并配备足够消防器材。

4.2.4.5 应用效果分析

不同电压等级变电站变压器、电抗器绝缘油处理、真空注油、热油循环，选用不同型号滤油机，可有效保障绝缘油处理质量，提高绝缘油处理效率。

4.2.5 主设备安装智能感知装置

4.2.5.1 适用范围

主设备安装智能感知装置适用于应用在变压器绝缘油过滤、变压器内检、抽真空、真空注油、热油循环等施工场景中，实现各施工环节关键数据的实时监测和快速预警。主设备安装智能感知装置原理图见图 4.2-4。

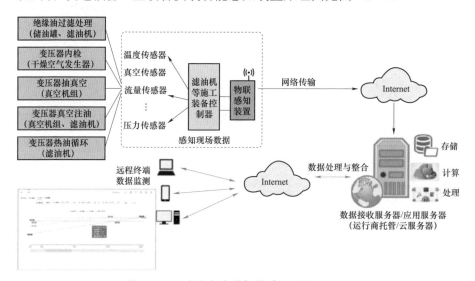

图 4.2-4 主设备安装智能感知装置原理图

4.2.5.2 设备组成

智能感知装置主要由现场数据采集装置、数据接收服务器/应用服务器、远程终端数据检测装置等部分组成。

4.2.5.3 技术原理

采用新型物联感知装置对接装备控制器，配置通信地址和网络协议，形成基于施工装备物联感知的变压器油处理监测系统，解决主设备绝缘油处理等施工过程中安全质量数据监控难、预警信息不及时等问题。

4.2.5.4 操作要点

（1）终端设置关键参数（如露点温度、真空度、油温、流量等）的预警阈值条件，一旦超过设定阈值，终端提醒后应及时处理。

（2）施工过程的关键数据（如真空度、油温、流量等）可通过终端实时监测并形成数据表单和数据曲线的数据，应在数据采集后及时定期保存，防止因储存空间不足而导致数据丢失。

（3）操作整个设备之前，应充分了解整组设备运行方式，并在监测过程中保证电源的不间断供电，从而确保数据的连续性。

4.2.5.5 应用效果分析

基于 AI 算法的智能感知平台，实现变电站设备安装时的作业行为、设备状态、异常环境进行 AI 自动诊断。通过大数据采集和分析，智能研判来保障变压器、GIS 设备等主设备安装质量，根据预设阈值进行智能预警，实现变电站建设时的智能管控。该装备可有效降低安装及管理人员的劳动强度和作业风险，从而提升变电站设备安装工作的效率和可靠性。

4.2.6 变压器低频电流短路法加热装置

4.2.6.1 适用范围

适用于换流变的内部绝缘处理，将换流变器身内绝缘油上层油温加热到目标温度，并在目标温度下热油循环，通过滤油机将绝缘油中的水分和杂质滤除，确保换流变投运后安全可靠运行。

4.2.6.2　设备组成

变压器低频电流短路法加热成套装置主要由低频电源装置、配电开关柜、低压电力电缆、万用表、红外热像仪等部分组成。

4.2.6.3　技术原理

低频加热装置性能参数应满足被加热变压器的要求，从而将换流变器身内绝缘油上层油温加热到目标温度，以某±800kV 换流站换流变为例，本装置的主要性能参数计算分析如下：

（1）计算电阻。为考虑试验装置加热能力，取电阻最大值计算，根据几种常见规格变压器出厂试验参数计算，以 65℃下折算至网侧（31 挡）其最大直流电阻值为 0.396 67Ω 为例进行计算。

（2）加热功率。除绕组电阻外，加热功率还取决于施加的加热电流。最大试验电流取额定电流（31 挡）的 80%（必要时，在电源容量满足情况下根据被试换流变压器的发热情况，可适当调整施加的电流），则施加的加热电流 $I = 1430\text{A} \times 80\% \approx 1144\text{A}$，则加热功率 $P = I^2 R_{70℃} = 1144^2 \times 0.396\ 67 \approx 519$（kW）。

采用低频电流法的加热方式，此加热功率相对于相同功率的滤油机而言，加热速度将快得多，并且自内而外进行加热，发热相对均匀，加热干燥效果更好。

（3）加热电压。因换流变等效电阻较小，直接采用低频加热电源输出，电源装置输出电压为 500V（方波），输入三相 400V 电压。根据低频加热电源的工作特性，应尽量使电源工作在额定电压状态，即额定输出 500V（方波）。

（4）加热频率。按照 500V 输出电压时满足 1144A 加热电流的工作状态，则换流变绕组匹配阻抗 $Z = 500/1144 = 0.437\ 06$（Ω），则

$$X_{\text{L}} = \sqrt{0.437\ 06^2 - 0.396\ 67^2} = 0.183\ 51（\Omega），f = 0.183\ 51/2\pi/0.124\ 2 = 0.235$$

（Hz），取 0.24Hz。

注　式中 0.1242H 为根据出厂报告计算的等效电抗值。

铁芯饱和核验：

电压降低倍数 $K_{\text{u}} = (525 \times 0.9375/\sqrt{3} \times 1000)/500 = 568$

频率降低倍数 $K_{\text{f}} = 50/0.24 = 208$

$K_{\text{u}} > K_{\text{f}}$，故换流变压器铁芯不饱和。

现场试验时，可将实际施加的频率适当调整。只要能够获得所需的、适

当大小的加热电流即可，无需一味追求更低或更高的频率。

（5）电源容量。考虑必要的电源容量裕度，同时因加热装置存在一定的谐波损耗，实际电源容量需求按不低于加热功率的 1.3 倍考虑。则电源容量需求

$$S = 1.3 \times 500 \times 1144 \approx 744 （kVA）（AC380V \ 50Hz，三相三线 1100A）。$$

4.2.6.4 操作要点

采取在换流变压器网侧绕组两端施加低频电流，阀侧绕组短路感应低频电流的方式进行加热，为保证尽可能大的加热功率，选择网侧（31 挡）进行低频加热，试验接线、原理接线图及实物图分别见图 4.2－5～图 4.2－7。试验电源从现场 400V 开关柜（1250A）接取，通过 400V 低压电缆引至低频试验电源装置，加热过程中注意线圈温度的变化。

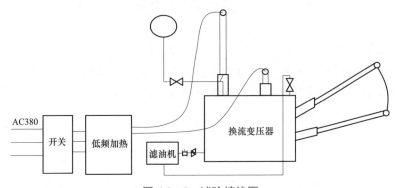

图 4.2－5 试验接线图

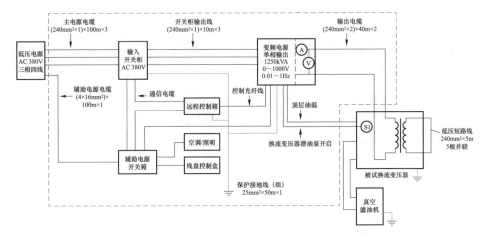

图 4.2－6 变压器低频电流短路法加热一次原理接线图

图 4.2 – 7　变压器低频电流短路法加热实物图

4.3　气体绝缘类设备施工技术

气体绝缘类设备，特别是 GIS 设备（HGIS 设备）设备广泛应用。因 GIS 设备检修较为复杂，研究了一批专用施工装备用于气体绝缘类设备的安装检修，提高 GIS 设备安装标准化、智能化程度和施工效率。

4.3.1　GIS 设备施工工序及技术特点

GIS 设备具有占地面积小、体积小、重量轻、元件全部密封不受环境干扰、操动机构无油化、无气化等优点，是典型的可靠性高、少维护的气体绝缘设备。

GIS 设备施工主要流程为：施工准备→基础复测→设备组装→设备固定→管道连接及附件安装→真空处理、充 SF_6 气体→机构箱、汇控柜安装→交接试验→检查验收。

GIS 设备安装现场通常使用下列装备：GIS 设备自行走安装系统、GIS 设备管道自动对接装置、智能化 GIS 设备防尘吊装装备、SF_6 气体多功能充气装置和 SF_6 气体回收装置，下面逐一介绍。

4.3.2　GIS 设备自行走安装系统

4.3.2.1　适用范围

GIS 设备自行走安装系统适用于户内及地下变电站中，室内无行吊或者行

吊不能覆盖运输通道，特别是运输通道长、转弯多、设备吨位大等情况下的
GIS 设备就位及安装。

4.3.2.2 设备组成

GIS 设备自行走安装系统由一台微型液压站、多台搬运承载台、顶升附属
件和控制系统组成。

4.3.2.3 技术原理

承载台底部采用成熟搬运承载台的设计，上部配有可多节伸缩的油缸，
由液压站提供动力，配合顶升辅助件实现对 GIS 设备的整体顶升，来减少现
场施工人员的劳动强度。配置水平仪，自动检测 GIS 设备起升搬运过程中的
姿态信息。

4.3.2.4 操作要点

（1）把 GIS 设备吊装至变电站相应位置。

（2）针对不同位置安装顶升附属件，连接搬运承载台和附属件，连接液
压管路到微型压站，确保各个部位连接紧密。

（3）液压站提供动力输出，顶升整体 GIS 设备离开地面 5～8mm 后停止，
观察确保水平后，拖动 GIS 设备至就位位置进行连接操作，连接过程中靠滑
动及油缸顶升操纵实现快速就位连接。

4.3.2.5 应用效果分析

GIS 设备自行走安装系统承载平台下部轮子为塑胶材质，运输路径由土工
保护膜覆盖，对土建成品无破坏；运输过程中振动轻微，不会对设备的结构
及外观造成变形损害，有效保证安装质量；能够有效降低施工人员的劳动强
度，提高工作效率和节约人工成本。

4.3.3 GIS 设备管道自动对接装置

4.3.3.1 适用范围

GIS 设备管道自动对接装置适用于室内外 GIS 设备管道安装对接，也可
用于 GIL 管廊自动对接。

4.3.3.2 设备组成

GIS 设备管道自动对接装置主要由机械分系统、液压分系统、电控分系统及视觉分系统组成，见图 4.3-1。

机械分系统主要由回转机构、六自由度平台、机械夹爪机构及八爪鱼连接接口部件组成。

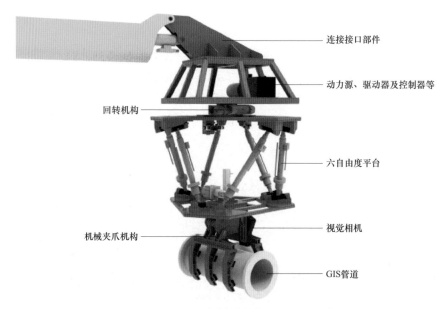

连接接口部件

动力源、驱动器及控制器等

回转机构

六自由度平台

视觉相机

机械夹爪机构

GIS管道

图 4.3-1　GIS 设备管道自动对接装置组成

按照 GIS 设备管道直径大小，GIS 设备管道自动对接装置可以分为小直径机械夹爪、中直径机械夹爪、大直径机械夹爪等；根据 GIS 设备管道长度不同，还可以分为短距视野式、中距视野式、长距视野式等。

4.3.3.3 技术原理

GIS 设备管道自动对接装置液压分系统为整套系统的动力单元；电控分系统为设备的控制部分；视觉分系统通过视觉相机及专用算法获取固定管道及待对接管道之间的空间相对姿态，并通过专用协议与电控系统通信。

装置依靠机械夹爪动作、视觉识别定位和并联机构进行姿态调整，完成 GIS 设备管道母线的夹取、定位、对接等工序，并在近距离状态下实现 GIS 设备母线筒体手动或自动合拢。

4.3.3.4 操作要点

（1）GIS 设备管道自动对接包括 GIS 设备管道自动对接路径起点确定、GIS 设备管道夹取位置确定、GIS 设备管道视觉识别标识物放置和自动识别对接的过程。

（2）GIS 设备管道自动对接路径起点确定。根据现场管道布置路线、现场空间勘测、管道规格尺寸、管道自动对接装置识别范围及运动范围等来确定管道自动对接路径起点。基于视觉系统的判断对接路径起点示意图见图 4.3－2。

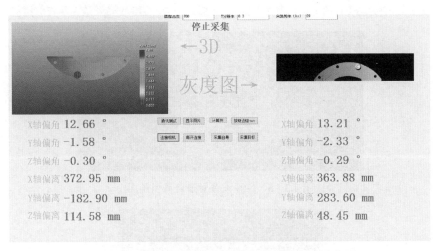

图 4.3－2　基于视觉系统的判断对接路径起点示意图

（3）GIS 设备管道夹取位置确定。应对机械夹爪机构的夹爪进行适当调整，保证夹取 GIS 设备管道位置满足视觉相机视野范围要求，且夹取更加稳固牢靠，见图 4.3－3。

（4）GIS 设备管道视觉识别标识物放置。GIS 设备管道视觉识别标识物应放置在用于视觉识别对应孔位内，确保需要夹取管道与待对接管道法兰外直径对齐，各个孔位两两对齐，见图 4.3－4。

（5）自动识别对接。在 3D 视觉定位系统中，捕捉固定管道与待对接管道之间的照片，经过点云 3D 图像处理、计算拟合圆心算法等方法处理，获得两个管道的空间姿态信息，操作装置使两标记点位置对齐。完成对齐后，输入控制指令，实现管道的智能对接，见图 4.3－5 和图 4.3－6。

图 4.3－3 GIS 设备管道夹取位置示意图

图 4.3－4 GIS 设备管道标示物放置图

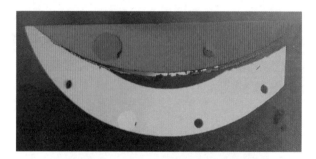

图 4.3－5 GIS 设备管道自动识别图

图 4.3－6 GIS 设备管道自动对接图

4.3.3.5 应用效果分析

GIS 设备管道自动对接装置操作简便、可控性强、运动灵活，具有优越的弯曲特性和避障能力，能有效解决 GIS 设备管道对接精度问题，降低施工难度，减少施工作业人员负担；装置可与汽车式起重机、叉车、挖掘机、升降平台等多种机械装备相结合，通过更换模块化部件，适用多工况状态下 GIS 设备管道安装，具有很强的适应性，提高了装备利用率。

4.3.4 智能化 GIS 设备防尘吊装装备

4.3.4.1 适用范围

智能化 GIS 设备防尘吊装装备适用于 750kV 以下电压等级的 GIS 设备安装，使其温湿度、粉尘度满足安装环境要求。

4.3.4.2 设备组成

智能化 GIS 设备防尘吊装装备由可移动式不锈钢框架、局部防尘软帘、内部洁净行吊、空气净化装置、移动轨道组成，见图 4.3－7。

(a) GIS 吊装对接   (b) 装置外观

图 4.3－7　智能化 GIS 设备防尘吊装装备

4.3.4.3 技术原理

智能化 GIS 设备防尘吊装装备利用内部行吊进行 GIS 设备对接，配置的空气净化装置可使装备内部温湿度和粉尘度持续达标，实现不同工况全密封连续安装；搭载的环境自动监控系统，具有就地和后台全时监测、实时控制、超限闭锁的功能；装备的电动移位和智能刹车系统，可以实现在预设轨道电动移位、在既定位置精准刹车的功能。

4.3.4.4 操作要点

（1）温度、湿度、洁净度等环境指标满足要求后方可进行 GIS 安装。
（2）开启全密封防尘装备内的空气净化装置和环境自动监控系统，实时监测内部温、湿度和粉尘度。

4.3.4.5 应用效果分析

智能化 GIS 设备防尘吊装装备的使用，提高了施工的机械化作业水平，有效降低了劳动强度，确保了施工安全，为电网建设创造了良好的劳动环境。同时，减少了起重机械的使用，降低了施工噪声、机械废气，减少了碳排放。

4.3.5 SF_6 气体多功能充气装置

4.3.5.1 适用范围

SF_6 气体多功能充气装置适用于变电站（换流站）GIS 设备大体量、多单元、低温环境等条件下 SF_6 充气工作。

4.3.5.2 设备组成

SF_6 气体多功能充气装置由减压阀、充气管路、紧急制止阀、充气接头、SF_6 气体存放箱柜和热系统组成，见图 4.3-8。

4.3.5.3 操作要点

（1）将多功能充气装置的充气接头通过管道与多个待充气气室连接，检查管路装配是否完好、有无漏点。
（2）在充气接头处设置减压阀，充气时先关闭减压阀，打开气瓶阀门，再慢慢打开减压阀进行 SF_6

图 4.3-8 SF_6 气体多功能充气装置

充气。

（3）温度较低时，开启智能加热装置，提高充气效率。

4.3.5.4　应用效果分析

SF_6 气体多功能充气装置可实现多瓶 SF_6 气体同时注入，解决了低温环境下施工效率低下问题。

4.3.6　SF_6 气体回收装置

4.3.6.1　适用范围

SF_6 气体回收装置适用于变电站（换流站）SF_6 开关设备及 GIS 设备组合电器 SF_6 气体回收处理。

4.3.6.2　设备组成

SF_6 气体回收装置（由回收系统、充气系统、抽真空系统、净化系统、气体储存系统组成，见图 4.3−9）。

4.3.6.3　操作要点

（1）检查 SF_6 气体回收装置外观、电源连接。

（2）采用专用连接管道并清洁、干燥，正确连接 GIS 设备与回收充气装置。

（3）正确操作阀门，开启断路器设备阀门和装置相应阀门及设备启动，对 SF_6 气体进行回收。

图 4.3−9　SF_6 气体回收装置实物图

4.3.6.4　应用效果分析

SF_6 气体回收装置广泛应用于 GIS 设备 SF_6 气体的充气、气体回收与储存，气体回收速度、回收效率、净化纯度明显改善。

4.4 户内及受限空间作业施工技术

施工过程中，往往会遇到户内空间狭小或者空间受限的情况，在这样的条件下，传统的机械装备已无法满足施工需求，从而导致设备安装难度大、施工效率低，因此研发室内组合电器气垫运输装置等施工装备。

4.4.1 施工工序及技术特点

户内变电站具备节能、节地、可靠的供电特性等诸多优势，已经被广泛应用到了城市电网建设中。其电气安装工序遵从"从高到低、由里往外、先大后小"的原则。根据受限空间大小选择运输装置和吊装装备。设备运输通常可以采用液压运输、充气运输等方式，吊装采用微型履带起重机等小型、专用吊装工具。

下文主要介绍微型履带起重机、自行直臂式高空作业平台车、通用管型设备转运装置、橡胶履带式机械化平台、室内组合电器气垫运输装置、二次屏柜搬运装置、电缆敷设传送装置、管形母线自动焊接装置、管形母线焊接托架等装备。

4.4.2 微型履带起重机

4.4.2.1 适用范围

微型履带起重机适用于变电站户内复杂环境设备吊装，在室内复杂的环境中，可近距离选择支腿的摆放位置，避免造成周边电气设备损坏，见图4.4-1。

图 4.4-1 微型履带起重机

4.4.2.2　设备组成

微型履带起重机主要由吊钩、起重臂、回转平台、车架和支腿等部分组成。

4.4.2.3　技术原理

微型履带起重机是通过吊钩、起重臂与内置卷扬机的组合，将被吊装设备由地面吊装至指定位置的一种装置，通过支腿提高其稳定性，从而增加吊装重量与安全性。

4.4.2.4　操作要点

（1）控制起重的工作幅度和臂架仰角，起吊前调整好汽车式起重机工作幅度，起吊重物时不准落臂。

（2）严格按起重机的特性曲线限定的起重量和起升高度作业，操作人员必须遵守"十不吊"（歪拉斜挂不吊，超载不吊，吊物捆扎不牢不吊，指挥信号不明或违章指挥不吊，吊物边缘锋利、无防护措施不吊，吊物上站人或有活动物体不吊，埋在地下的构件不吊，安全装置不齐全或动作不灵敏、失效者不吊，吊物重量不明、光线阴暗、视线不清不吊，六级以上大风或大雨、大雪、大雾等恶劣电气不吊）。

（3）起重机带载回转要平稳，特别是在接近额定起重量时，防止快速回转的离心力或突然回转制动，引起吊载外偏摆，增大工作幅度，造成倾翻事故。在旋转时，无论周围是否有人，都要鸣笛示警。

4.4.3　自行直臂式高空作业平台车

4.4.3.1　适用范围

自行直臂式高空作业平台车适用于户内或受限空间，将工作人员、作业工具等运送到指定的空中位置，见图4.4-2。

4.4.3.2　设备组成

自行直臂式高空作业平台基本结构，其主要组成部分有作业平台、液压系统、驱动系统等。按类型主要分为垂直升降式（又称剪叉式）高空作业车、折臂式升降式高空作业车、自行式高空作业平台车、伸缩臂式高空作业车。

图 4.4-2　自行直臂式高空作业平台

4.4.3.3　技术原理

自行直臂式高空作业平台车是液压升降机械设备，由液压或电动系统支配多支液压油缸，能够上下举升进行作业的一种车辆。在作业斗内和回转座上均设有操纵装置，远距离控制发动机的启动/停止、高速/低速，采用电液比例阀控制臂的动作，平稳性好，工作臂可左右 360°连续旋转，靠连杆机构自动维持作业槽水平，主泵出现故障时可操纵应急泵下降作业槽。

4.4.3.4　操作要点

（1）高空作业车的操作，应经培训并持有操作上岗证人员负责。

（2）操作手柄时要平稳，切勿急速迅猛。

（3）施工人员在高空作业平台上进行工作时应使用安全带。

4.4.3.5　应用效果分析

自行直臂式高空作业平台可实现一机多用，具有多功能、轻量化、小型化、智能化等特点，操作舒适灵活，安全可靠，经济性好，有效提高高空作业安全性和效率，在变电站设备安装和检修等作业中应用效果良好。

4.4.4 通用管型设备转运装置

4.4.4.1 适用范围

通用管型设备转运装置，适用于变电站室内外高长设备运输就位，见图 4.4-3。

(a) 装置外观　　　　　　　　　　(b) 设备搬运

图 4.4-3 管型设备转运装置转运示意图

4.4.4.2 设备组成

通用管型设备转运装置由滚轮、轴承、承重底板等部分组成。

4.4.4.3 技术原理

通过在运输平台上安装可以承重的滚轮，将设备放置于平台之上，利用滚轮的滚动将静摩擦力转化为滚动摩擦力，在相同重量下，滚动摩擦力比静摩擦力小很多，在运输干式变压器等设备时，利用通用管型设备转运装置可以轻松将设备转运至指定位置。

4.4.4.4 操作要点

（1）通用管型设备转运装置由于其载荷量较大，底盘较低所以在运输的过程中尽量选择比较平整的地面行走。

（2）使用该装置前要仔细核对载荷量，防止因载荷过大而使得设备发生不可逆的形变。

（3）被运输设备在吊装上通用管型设备转运装置前，应将通用管型设备转运装置的自锁装置打开，防止在设备吊装时发生位移现象。

4.4.4.5　应用效果分析

在无法使用机械的条件下，传统"人工拉运"室内转移这些大型设备效率低且安全风险高。根据室内 GIS 设备、超长管型设备参数和特点，采用管型设备转运装置进行室内高长设备的转移和就位，应用效果良好，可以大大提高室内转移大型设备的效率。

4.4.5　橡胶履带式机械化平台

4.4.5.1　适用范围

橡胶履带式基础作业平台适用于变电站临近带电（减少陪停）、户内外受限空间条件下高处作业、设备短途运输及就位。

4.4.5.2　设备组成

橡胶履带式机械化平台由吊钩、吊臂、液压系统、电气控制系统、上车回转部分和行走部分组成。

4.4.5.3　技术原理

橡胶履带式机械化平台由动力传递机构将发动机的动力传递至底部履带的驱动装置等需要动力的地方，一方面带动履带实现自行走的功能，另一方面给液压系统提供动力来源，可以使整个平台装置实现自由升降的功能。

4.4.5.4　操作要点

（1）橡胶履带式机械化平台严禁超出负载使用。

（2）若施工人员需要在平台上工作，一定要正确佩戴安全带。

（3）在使用该设备前注意检查底部履带上的橡胶装置有无脱落，防止因橡胶脱落使得履带直接接触地面，使得地面损坏。

4.4.6　室内组合电器气垫运输装置

4.4.6.1　适用范围

室内组合电器气垫运输装置适用于户内及地下变电站新建及改扩建工程

中，室内无天吊或者天吊不能覆盖运输通道，特别是运输通道较长、拐角较多、组合电器吨位大的情况，见图4.4-4。

图 4.4-4　气垫运输装置

4.4.6.2　设备组成

室内组合电器气垫运输装置空气压缩机、高压储气罐、气压调节器、气垫模块等部分组成。

4.4.6.3　技术原理

室内组合电器气垫运输装置是由数个小气垫组成的气垫船，通过向气垫模块充入压缩的空气，使气囊带着负载浮起，气体通过气囊底部出气孔排出，在气囊与地面之间形成空气薄膜，从而减小负载对地摩擦力，实现以较小的力量移动负载的目的，见图4.4-5。

气垫运输的关键在于根据设备参数合理选用气垫，正确控制气流量以控制气垫与地面的摩擦力。当摩擦力达到移动要求时，施工人员便可轻推组合电器沿着标识移动到指定位置，然后泄气就位。

4.4.6.4　操作要点

（1）连接管路和接头，检查管路接口，承插式快速接头锁止扣应到位，辅助锁紧抱箍不应少于 2 个，使用前应确定所有阀门处于关闭状态。

（2）气垫使用前应检查气垫底部胶垫无裂纹、无破损，出气孔无堵塞。空载试打压检查，气垫应出气均匀，悬浮正常，无偏移、漏气等现象。

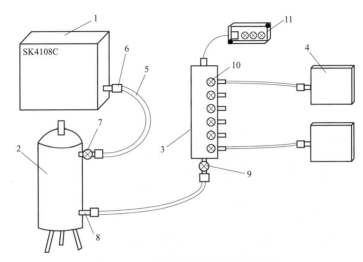

图 4.4－5　气垫运输装置结构示意图

1—空压机；2—高压储气罐；3—气压调节器；4—气垫；5—管路；6—空压机输出管路接口；
7—储气罐进气口阀门；8—储气罐排气口阀门；9—气压调节器进气口阀门；
10—气压调节器输出口阀门；11—电控终端

（3）橡胶垫铺设前应对基础等地面凸出部分进行平整处理，通过在凸出物四周撒细砂铺平地面，形成一个较长的缓坡，保证 3m² 范围内不平度小于 5mm。

（4）指挥人员应站在行进路线侧前方，时刻观察设备运输状态及方向偏差，统一号令，及时调整运输方向。气压调解人员应随时观察气垫状态，动态调整各气垫气压输出，保证运输设备平稳。指挥人员应使用对讲机等移动通信设备与调压人员始终保持沟通。

（5）气压调节器的控制，调节器可在 0～0.3MPa 范围进行调节，调压器共有 6 个输出接口，每个接口应根据气垫的状况单独调节输出压力，使气垫满足运输要求。

（6）气垫充满气在平整的地面上移动，气流对地面的压力是均衡的，气垫与地面的接触面保持均匀，摩擦系数最小。当地面有障碍物时，则会破坏气流与地面的压力均衡，造成气垫与障碍物接触部分的摩擦系数增大，使阻力增大。因此，应使运输通道平整。

（7）当运输设备到达就位位置后，应待设备完全静止后切断供气，缓慢关闭气压调解器阀门，在气管有压力的情况下禁止断开气路连接。

4.4.6.5 应用效果分析

气垫运输安全可靠性强,降低起重风险,减少安全资金投入。气垫运输振动轻微,能够保证组合电器在运输过程中不发生结构变形,消除了组合电器泄漏的一个原因,有效保证安装质量,减少维修投入。

4.4.7 二次屏柜搬运装置

4.4.7.1 适用范围

二次屏柜搬运装置适用于变电站二次屏柜室内外运输与安装就位,二次屏柜搬运就位流程示意图见图4.4-6。

图 4.4-6 二次屏柜搬运就位流程示意图

4.4.7.2 设备组成

二次屏柜搬运装置主要由屏柜托架、倾斜结构、升降结构、万向轮、旋转圆钢等部分组成。

4.4.7.3 技术原理

设置 L 型屏柜托架,将要搬运的屏柜放置于托架上利用其可倾斜结构降低屏柜的运输高度与重心,使屏柜按照既定的轨道顺利运输至屏柜需要安装的位置。

4.4.7.4 操作要点

(1)在运输屏柜之前需要将底部的万向轮进行锁死,防止在将屏柜吊装进装置的过程中,设备发生位移从而造成屏柜损坏。

（2）屏柜在移动的过程中需要时刻注意是否发生偏移现象，如果发生了位移需要及时纠正后再运输。

（3）二次屏柜搬运装置在使用前应仔细检查装置的各个机械部分是否灵活有效。

4.4.7.5　应用效果分析

二次屏柜搬运装置实现了二次屏柜快速就位和安装，提升作业安全性，作业人员由原来 8 人减至 2 人，创造了更高的经济社会效益。

4.4.8　管形母线自动焊接装置

4.4.8.1　适用范围

管形母线自动焊接装置适用于变电站通用型号管形母线连续自动焊接，见图 4.4-7。

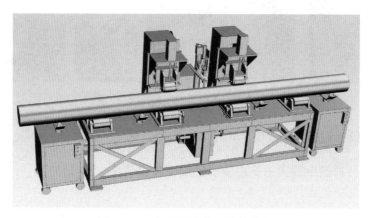

图 4.4-7　管形母线自动焊接装置

4.4.8.2　设备组成

管形母线自动焊接装置主要由电源系统、输送系统、焊接系统、支撑系统、和电气控制系统组成。

4.4.8.3　技术原理

管形母线自动焊接装置利用数控程序控制氩弧焊，焊接过程中焊枪可根据需要径向、轴向调节，并配置强制循环水冷系统，确保焊接一次稳定成型。

4.4.8.4 操作要点

（1）施工作业前，应检查施工用电安全，电源容量是否满足需求。
（2）焊接过程中，注意观察被焊接管形母线是否水平，并及时作出调整。

4.4.8.5 应用效果分析

本装置减少了人力、物力的投入，提升焊缝工艺质量，提高施工生产效率。

4.4.9 管形母线焊接托架

4.4.9.1 适用范围

管形母线焊接托架应用适用于变电站不同型号规格管形母线切割、焊接，以提升管形母线焊接质量和效率，见图4.4-8。

图4.4-8 管形母线焊接托架实物图

4.4.9.2 设备组成

管形母线焊接托架主要由滚动调节装置、支撑装置和调节装置组成。

4.4.9.3　技术原理

通过调节操作手柄就可实现管形母线高度的调整，避免了管形母线线焊接前需要投入大型机械辅助大量人工进行调平、对接。管形母线水平移动及横向旋转配合良好，互不影响，切换方便，实现管形母线焊接全过程的半自动化。

4.4.9.4　操作要点

（1）将待焊接的管形母线放置在管形母线焊接托架上。

（2）通过管形母线焊接托架的高度微调装置，将管形母线精确调整到同一高度。

（3）完成一面管形母线焊接后，转动调节装置，快速移动到下一焊接面，直至完成全部焊接。

4.4.9.5　应用效果分析

通用型可调式管形母线焊接托架，改进了管形母线焊接支垫方法，改善了管形母线焊接作业环境，提高了管形母线焊接质量和焊接效率。

4.5　临近带电作业施工技术

临近带电体作业对施工作业的机械装备操控有着严格的安全要求，因此机械装备体积不宜过大，且现场应采取管控措施。

4.5.1　施工工序及技术特点

变电站工程改扩建经常需要进行临近带电作业，无论高压设备是否带电，作业人员不得单独移开或越过遮栏进行作业；若有必要移开遮栏时，应得到运行单位同意，并有运行单位监护人在场，并符合各电压等级带电作业的安全距离规定。起重机、高空作业车和铲车等施工机械操作正常活动范围及起重机臂架、吊具、辅具、钢丝绳及物品等与带电设备的安全距离不得小于表 4.1－1 的规定，且应设专人监护。

因临近带电作业的特殊性，就要求其施工装备既要能够满足作业需求，又要与带电设备保持一定的安全距离。狭小空间 HGIS 设备整体就位装置和越界预警系统装置的应用可以有效保障临近带电作业的顺利完成。

4.5.2 狭小空间 HGIS 设备整体就位装置

4.5.2.1 适用范围

狭小空间 HGIS 设备整体就位装置适用于变电站改扩建施工 HGIS 设备就位和安装,见图 4.5-1。

图 4.5-1 HGIS 设备整体就位装置

4.5.2.2 设备组成

狭小空间 HGIS 设备整体就位装置主要由子车和母车构成,包括机械系统、液压系统、电气系统三大系统组成。

4.5.2.3 技术原理

该装备液压系统实现了 HGIS 设备支撑固定、就位时的平衡调节;机械系统实现 360°定点转向调节、运输、推顶、顶伸、减震等功能;电气控制系统实现无线遥控、过载保护等功能。在远离带电体的开阔区域将 HGIS 设备组装完成后,整体运输到设备基础位置,进行就位安装,以达到变电站一次设备不停电、狭小空间不适合吊装作业的环境下,完成设备就位安装的目的。狭小空间 HGIS 设备整体运输装备见图 4.5-2。

图 4.5-2 狭小空间 HGIS 设备整体运输装备

4.5.2.4 操作要点

（1）勘查运输就位路线，路途中强度不满足装备转运要求的地带应进行地坪加固，障碍物需拆除。

（2）操作检查液压支腿、压紧电缸及操作屏幕是否能正常运行、电池电量是否充足。

（3）运输形态，液压支腿收起，夹具将 HGIS 设备可靠的固定在车体上。装备采用非承载式车身以及液压平衡梁，解决设备运输中的倾覆风险以及振动导致设备损伤问题。

（4）设备安装形态中，液压支腿支设牢固，然后在整体运输就位装备上直接进行设备对接安装。

4.5.2.5 应用效果分析

在 HGIS 设备的变电站改扩建工程中，由于设备密度大、吊装空间狭小、临近带电体作业，传统的设备吊装施工方法，需多次停电作业，且施工周期长、难度大。狭小空间 HGIS 设备整体运输安装装备，能够将组装完成后的 HGIS 设备一次性整体运输、液压顶升、自动牵引就位，突破传统的吊装安装方法。

4.5.3 越界预警装置

4.5.3.1 适用范围

越界预警装置适用于变电站临近带电作业安全管控，有效识别既定安全边界，实现大型机械智能预警。

4.5.3.2 装置组成及种类

越界预警装置主要由电源、探测装置、报警装置三个部分组成。按照其用途不同可分为高空防碰撞预警装置和电力吊装安全距离智能预警装置。

4.5.3.3 技术原理

高空防碰撞预警装置：通过安装在汽车式起重机或升降作业车侧沿的雷达和红外报警装置，实现360°无死角安全探测。

电力吊装安全距离智能预警装置：使用高清摄像头采集现场施工视频图像，结合高性能处理器进行智能分析并通过报警器等设备输出运行结果，反应灵敏、能长时间工作，可以有效的代替人工判断。使用智能算法和高清摄像头对高空重物防碰撞预警，加强对高空重物在移动过程中的监控。对作业区域内的危险区域闯入人员、汽车式起重机进行检测，并实时做出预警防范，见图4.5-3。

图 4.5-3 越界预警系统示意图

4.5.3.4 操作要点

（1）预警装置在布置时，需注意探测装置与设备的安全距离是否满足施工需要。

（2）设备调试完毕后，需要使用障碍物对装置测试，确保装置的各个部分可靠有效的连接可以正常作业。

4.5.3.5 应用效果分析

装置应用实现了汽车式起重机、升降平台车与设备近距离预警，解决了操作人员的盲点,为车辆操控人员和指挥人员提供了有效参考,大幅提升了施工安全性。尤其是电力吊装安全距离智能预警装置,可靠保障复杂环境下的吊装作业,提高设备吊装的安全性和吊装效率。

4.6 预制舱类施工技术

预制舱设备是通过机械化装备将变电站一、二次系统设备在工厂集成到预制舱内并完成部分调试,再运输到现场吊装就位安装,实现了系统集成化、生产工厂化、装配模块化、施工便捷化。

4.6.1 施工工序及技术特点

预制舱框架生产流程分为:前框总成焊接→后框总成焊接→底结构焊接→外侧板焊接→总装→打砂→喷漆;舱内装配主要包括铝单板吊顶、地板铺设、门窗工程、墙板、水电安装等,施工以自上而下、先隐蔽后面板、先整体后局部为原则;预制舱设备现场安装主要流程为:施工准备→基础复测→预制舱吊装及找正→预制舱固定→检验验收。

预制舱框架生产过程涉及自动切割系统、机器人焊接系统和粘板装配系统。预制舱运输见图4.6-1。

图 4.6-1 预制舱运输

4.6.2 自动切割系统

4.6.2.1 适用范围

自动切割系统适用于型钢工件激光切断、切形、打孔,粉尘污染收集处理、废料分离及回收、加工件分离与归集,见图4.6-2。

图 4.6－2　自动切割系统

4.6.2.2　系统组成

自动切割系统由床身底座、进出料夹具、卡盘式夹具、伺服进出料台、伺服旋转动力头、伺服枪台、支承托辊、废料回收舱和控制系统等组成，见图 4.6－3。

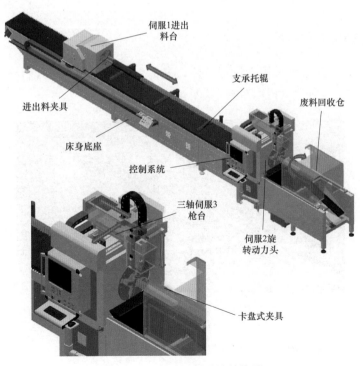

图 4.6－3　自动切割系统结构图

4.6.2.3 技术原理

自动切割系统的卧式机床结构，采用长行程控制工件完成进出料切割和开孔；卡盘式夹具安装在伺服旋转动力头上，实现工件旋转、翻面功能；进出料夹具采用伺服驱动，沿导轨方向进给，适应不同长度工件；激光发生器上部设置三轴伺服滑台，可满足在空间 X、Y、Z 的直线、圆弧切割轨迹，前端配置弧压调高器，保证切割弧长；右侧设置落料斜坡回收仓，废料自动回收箱内。

4.6.2.4 操作要点

（1）施工作业前应熟悉各部件运行方式并检查各部分连接装置是否连接完好。

（2）操作过程中需要时刻关注被切割材料是否按照既定方式进行切割，如出现偏离现象需及时调整系统设置。

4.6.3 机器人焊接系统

4.6.3.1 适用范围

机器人焊接系统适用于进行对接、搭接等焊缝形式，通过 CO_2/MAG 气体保护焊接工艺对焊缝进行焊接，见图 4.6－4。

图 4.6－4 机器人焊接系统

4.6.3.2 系统组成

机器人焊接系统采用 1 套机器人本体正装安装方式、1 套双轴 L 型变位机、

1 套卡盘式夹具、1 套等离子切割电源及割枪，组成全套完成的自动切割工作站，可以覆盖焊接对象工件的所有焊缝焊接范围。

焊接工作站设备由 1 套 6 轴多关节弧焊机器人和 2 套头尾式单轴变位机组成。2 套头尾式单轴变位机呈 H 形、按 A、B 两个工位布局而成。

4.6.3.3 操作要点

（1）工位台 A、B，呈 H 形头尾式单轴变位机的两工位，可用以夹牢固定工件，焊接过程中 360° 旋转，卸除工件。

（2）智能机器人系统使用前需进行试焊，设定焊缝轨迹动作程序、变位机动作、AB 工位的预约启停等操作。

4.6.4 粘板装配系统

4.6.4.1 适用范围

粘板装配系统可适用于半成品工件固定、工件正面粘贴与固定、工件背面粘贴与固定及成品工件移出，见图 4.6-5。

图 4.6-5 粘板装配系统

4.6.4.2 系统组成

粘板装配系统由组合式自立起重机、真空吸盘式吊具（粘板上料、总成下料共用）、电磁铁式吊具（框件上料用）、电动翻转机、气动压紧工装等组成，见图 4.6-6。

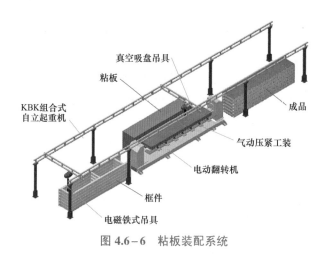

图 4.6-6　粘板装配系统

4.6.4.3　操作要点

（1）行程按上料→粘板 A 面→粘板 B 面→成品下料流程进行，各流程沿生产线长度方向布局。

（2）采用 KBK 组合式自立起重机进行 XY 平面两维方向移动、上下料电动葫芦升降由 Z 方向人工遥控盒操作。

（3）框件是钢制工件，上下料采用电磁铁吊具吸附方式；粘板和工件总成是非金属材质，采用真空吸盘式吊具吸附方式。

（4）气动工装夹具用于对粘板的强力加压，确保粘板牢固（压紧时间长度由客户根据粘板工艺要求自定）；气缸动作采用人工手控阀控制。

（5）电动翻转机采用三相异步交流减速电机驱动，配置正反转脚踏开关，来回 180°翻转。

4.7　设备调试类施工技术

随着电网系统电力设备逐渐增多，其结构原理越来越复杂，调试项目也不断增加。随着科学技术和电力设备的发展，试验设备不断更新换代，新型试验仪器在质量、安全、效率方面助力调试工作高效进行。本节主要对变电站内常用的大型试验装备和自动化、智能化、集成化较高的试验装置进行叙述。

4.7.1　调试工序及技术特点

4.7.1.1　调试施工工序

调试按试验项目一般分为一次设备单体调试、二次设备单体调试和分系统调试。变电站调试工作与施工进度息息相关并受其制约，变电站调试工作一般施工流程为：设备、调试方案准备→调试资料报审→一次单体设备单体调试→二次单体设备单体调试→分系统调试→启动验收调试→试运行。

4.7.1.2　调试技术特点

（1）新设备、新技术快速发展。调试设备随变电站新技术的应用和试验项目增加而不断更新发展，从传统变电站到智能变电站，从高压、超高压到特高压，变电站调试设备和技术也随之不断地更新发展，并满足或超前现阶段所需技术需要。

（2）人员技术素质要求高。变电站设备多，试验项目广，设备和技术更新快，随着新技术、新工艺、新方法的广泛应用，调试人员对技术需求更加迫切。另外，调试人员应具有专业的调试相关知识和丰富的调试经验，并具备统筹、协调、管理的综合能力，以确保调试和安装进度同步协调进行，从而提高调试工作效率，保障工程按期完成。

（3）调试仪器性能要求高。调试仪器在安全性、准确性、可靠性、便携性、可操作性等方面都有严格要求，其检验和保存都有严格的规定，以保证调试仪器正常使用。近年来，高精度、高效率、高抗干扰、高度集成化的设备应用也逐渐增多，先进的调试仪器不仅可以减少试验接线，简化试验操作步骤，提高试验效率，还可以适当减少调试人员，保障试验的安全可靠进行。

结合设备调试机械化的特点，重点介绍的调试设备见表4.7-1。下面主要从适用范围、装置组成、技术原理、技术要点及应用效果分析等方面展开介绍。

表 4.7 – 1　　　　　　　　　试 验 仪 器 设 备

序号	试验项目	试验装置	备注
1	变压器耐压及局部放电试验	电力变压器感应耐压及局部放电试验车	
2	220kV 及以下一次设备耐压试验	集装箱式串联谐振耐压装置	
3	GIS 不停电耐压试验	同频同相耐压试验装置	
4	1000kV 及以下一次设备交流耐压试验	超特高压车载式交流耐压试验平台	
5	换流阀低压加压试验	换流阀低压加压测试系统	
6	变电站调度监控信息接入调试	变电站模拟主站调试装置	
7	GIS 耐压闪络气室定位（超声法）	GIS 耐压闪络故障定位分析仪	
8	GIS 耐压闪络气室定位（气体法）	移动式多组分 SF_6 分解产物在线监测分析系统	
9	电流、电压向量测试	智能无线遥测向量测试仪	
10	绝缘油全套油化试验	集装箱式油化试验室	
11	悬式绝缘子零值检测	便携式瓷绝缘子零值检测仪	

4.7.2　电力变压器感应耐压及局部放电试验车

电力变压器感应耐压及局部放电试验车，可以在不依赖外部设备的情况下，快速展开现场试验工作面。试验车配置满足相应的国家标准要求，车载集成一体化，具备安全性好、可靠性高、操作简便、试验高效快捷等优点。

4.7.2.1　适用范围

适用于 500kV 及以下电压等级电力变压器的局部放电及感应耐压试验，电力变压器感应耐压及局部放电试验车见图 4.7 – 1。

4.7.2.2　装置组成

试验车由无局部放电变频电源、无局部放电试验变压器、补偿电抗器、试验附件等设备组成。

图 4.7-1　电力变压器感应耐压及局部放电试验车

（1）无局部放电变频电源。变频电源是利用整流和逆变技术，将三相试验电源转化为特定频率的两相电源。通过调节变频电源的输出频率，使得回路中的电抗器电感 L 和试品电容 C 发生谐振，谐振电压即为试品上所加电压。

（2）无局部放电试验变压器。励磁变压器也叫中间变压器。通过适当的接线方式以不同变比获得所需的输出电压和电流给试验回路供电，用以补偿试验回路的有功损耗；也可适用于不同电压等级、不同容量的电力设备进行工频耐压试验。它具有性能稳定、工作可靠，局部放电量低等优点。

（3）补偿电抗器。主要用作并联谐振回路中的电感量补偿。

4.7.2.3　技术原理

500kV 变压器局部放电试验采用变频电源作为试验电源，励磁电压从被试变压器低压侧施加，在中压侧、高压侧感应出相应的试验电压。试验时被试变压器中性点及铁芯接地，局部放电测量时信号从高压、中压侧套管的末屏端子获得，局部放电试验接线图见图 4.7-2。

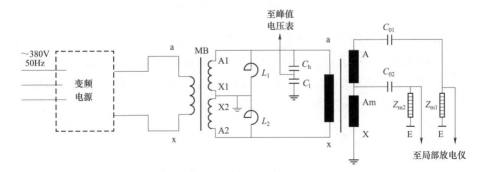

图 4.7-2　局部放电试验接线图

MB—励磁变压器；C_h—高压分压器高压电容；C_1—高压分压器分压电容；L_1、L_2—补偿电抗；
C_{01}、C_{02}—套管电容；Z_{m1}、Z_{m2}—检测阻抗

4.7.2.4　技术要点

（1）试验前检查变压器状态，确保变压器挡位正确，升高座互感器二次侧短接接地，变压器油位正常，铁芯及夹件接地良好，套管末屏接地良好，常规试验及油化试验已完成并数据合格。

（2）根据试验变压器容量及低压侧电压，选择励磁变压器接线方式，确保试验加压线与周围设备保持足够距离。主变压器高压侧及中压侧套管需挂设均压帽，均压帽与套管接触良好。

（3）根据被试变压器设备空载损耗及空载电流选择试验电源容量、电源线型号，确保满足试验电流需要。

（4）局部放电试验仪背景处理满足要求，试验过程严格按照阶段加压，各阶段加压时间及局部放电量符合要求。试验最高电压升至 1.8 倍额定电压，其耐压时间与频率有关。

4.7.2.5　应用效果分析

（1）试验车应用场景广泛。试验车单独使用可完成 11、220、500kV 变压器现场局部放电试验、外施交流耐压试验。

（2）环境影响较小。试验装备为车载式设置，不受环境因素影响，设备运行稳定、可靠性高。

（3）试验效率高。使用试验车进行试验时，减少了试验设备之间的电缆接线、登高作业，可靠性高、操作简单，可大幅提高工作效率，缩短试验时间。

4.7.3　集装箱式串联谐振耐压试验装置

集装箱式串联谐振耐压试验装置将整套耐压试验系统集中布置到集装箱内，具有运输、操作方便的优点，另外，集装箱内配备试验控制室、视频监控、红外电子围栏等辅助系统，改善了试验人员的工作环境，提高了试验的安全性和工作效率，集装箱式耐压试验装置见图 4.7-3。

4.7.3.1　适用范围

（1）220kV 及以下电压等级电流互感器、断路器、GIS 等设备耐压试验。

（2）3km 及以下长度 110kV 电力电缆线路的交流耐压试验。

(a) 集装箱外观　　　　　　　　　　　(b) 集装箱展开

图 4.7－3　集装箱式耐压试验装置

4.7.3.2　装置组成

该装置由耐压试验装置和安全辅助系统组成。耐压试验装置包括试验控制台、变频电源、励磁变压器、500kV 电抗器、500kV 分压器等元件。电抗器和分压器采用单节方式。安全辅助系统包括接地报警、红外电子围栏、视频监控系统等分系统。

4.7.3.3　技术原理

该串联谐振高压试验设备是基于调节试验频率实现串联谐振耐压试验。输入三相交流 380V 电源，由变频源转换成频率、电压可调的单相电源，经励磁变压器，送入由电抗器 L 和被试电缆 C_x 构成的高压串联谐振回路。变频器经励磁变压器向主谐振电路送入一个较低的电压 U_e，调节变频器的输出频率，当频率满足谐振条件时，电路即达到谐振状态，通过控制输出电压大小调节试验电压。

4.7.3.4　技术要点

（1）试验前，GIS 设备需完成回路电阻试验、绝缘电阻试验、SF_6 微水试验、互感器试验及隔离开关、断路器的分合闸试验等常规试验，核对 GIS 设备隔离开关、断路器状态正确，电流互感器短接接地良好；

（2）检查试验接线，确保试验设备接线正确牢固，试压加压线与周围设备保持足够安全距离，试验设备接地可靠，试验操作人员穿绝缘鞋或站绝缘垫上，并佩戴绝缘手套；

（3）正确选择仪器分压比，试验按照四阶段进行加压，每阶段加压时间满足要求，最高电压耐压保持 1min，1.2 倍额定电压下局部放电试验合格。

4.7.3.5　应用效果分析

该装置是集机动化、集成化和自动化于一体的试验装置。将试验所需的成套设备以及相关附件、装置和辅助设备全部集成在经特殊改装的集装箱内。该装置自动展开试验平台，试验设备无需下车，无需组装，内部接线简单，无需依赖外部装卸机具，即可在车上独立完成所有试验。

4.7.4　同频同相耐压试验装置

同频同相交流耐压试验装置能够实现不停电情况下对 GIS 设备进行交流耐压试验，设备利用锁相技术锁定系统电压频率和相位，使 GIS 耐压设备与运行部分始终保持可控的电压差，进而实现不停电设备的耐压试验。

4.7.4.1　适用范围

该设备能够满足变电站改扩建工程 GIS 耐压试验，主要适用在停电困难或者不能停电的扩建变电站工程的 GIS 耐压试验。

4.7.4.2　装置组成

装置包括的主要部件有变频电源控制器、电抗器控制箱、励磁变压器、调感电抗器及电容分压器等。

（1）变频电源控制器。利用锁相环技术，保持变频电源频率、角度与运行电压一致，实现同频同相功能。

（2）电抗器控制箱。根据被试品电容量，自动调节电抗器的电感量，控制试验频率。

（3）励磁变压器。励磁变压器用来提高试验的输出电压，在保持频率不变情况下，提高试验电压，进而提高试验电压值。同时保持一次、二次回路隔离，保证低压部分试验设备和操作人员的安全。

（4）调感电抗器 [见图 4.7－4（a）]。可调电抗器是同频同相耐压试验设备中重要的设备之一，电抗器可以控制调节电抗量，使电感在 460～500H 范围调节，根据被试设备电容量大小，调节电抗器的电感量大小，使试验谐振频率保持与电网系统 50Hz 频率一致。

（5）电容分压器 [见图 4.7－4（b）]。电容分压器在回路中并联在被试设备上，起测量试验电压作用。该电容分压器耐受电压高，测量电压精准，测量误差一般小于1.0%。

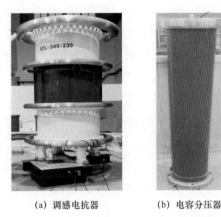

(a) 调感电抗器   (b) 电容分压器

图 4.7-4   调感电抗器及电容分压器

4.7.4.3   技术原理

同频同相耐压试验装置采用锁相环技术，保证电压的频率和相角与系统电压一致，通过调感电抗器调节电感使回路处于谐振电压状态，谐振时频率固定不变。试验装置需要采取设备运行的母线电压，监视电压相位和频率。在试验时，通过变频电源柜输入一个几十伏的低电压信号，在回路没有异常的情况下，通过调节接入回路上的电抗器，逐步实现分压器上所获得的电压达到一个最大值，说明现在谐振电路就达到了串联谐振状态。同频同相耐压试验原理见图4.7-5。

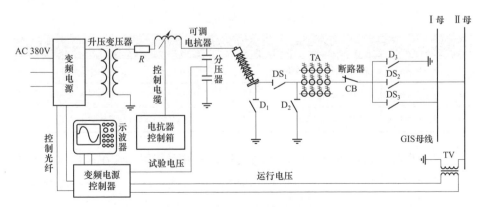

图 4.7-5   同频同相耐压试验原理

4.7.4.4　技术要点

（1）试验前设备常规试验已完成，检查设备状态正确。系统电压接取需专人进行，采取防止电压短路措施，确保试验电压接取正确可靠牢固。

（2）试验过程中，电压升至一定电压，需进行一次核相，确保试验电压与系统电压同相，确保同相后方可继续加压。

（3）试验过程严格按照仪器操作流程进行，确保系统电压与仪器申电压相位频率一致，保证各阶段加压时间满足要求，局部放电量试验测试合格。

4.7.4.5　应用效果分析

（1）利用锁相环技术，实现了 GIS 设备不停电耐压试验，减少了变电站停电次数，保障供电的可靠性。

（2）具备过电压保护、过电流保护、失谐保护、放电保护等保护功能，仪器安全性好。

4.7.5　超特高压车载式交流耐压试验平台

目前，超高压、特高压耐压试验装置因需承受高电压、大电流的要求，通常具有体积大、设备重的特点。传统耐压试验装置组装需要大量吊装工作，组装仪器耗费较多时间，通常占试验总时间的一半以上，而车载式耐压试验平台常采用液压顶升方式一次完成仪器的布置工作，显著提高了试验效率，使现场试验更加快捷、方便、安全。目前国内在用的超特高压车载式交流耐压试验平台主要有三种，见表 4.7－2 和图 4.7－6。

表 4.7－2　　　　　　　　超特高压车载式交流耐压试验平台

设备	试验项目
750kV 超高压设备交流耐压车载试验车	750kV 及以下一次设备耐压试验
1200kV 整装式绝缘试验平台	1000kV 及以下一次设备耐压试验
特高压 GIL 一体化耐压试验车	1000kV 及以下一次设备耐压试验

三类车载式耐压试验平台在提高试验效率方面相似，都在电抗器的组装方面进行设计优化，通过液压顶升或垂直升降方式一次完成电抗器的现场安装，进而提高试验效率，试验原理完全一致。因此，本小节主要针对其中一种典型的装置进行介绍。以特高压 GIL 一体化耐压试验车为例进行叙述。

(a) 750kV 超高压设备交流耐压车载试验车

(b) 1200kV 整装式绝缘试验平台

(c) 特高压 GIL 一体化耐压试验车

图 4.7−6　车载式交流耐压试验平台

4.7.5.1　适用范围

特高压指气体绝缘金属封闭输电线路（Gas Insulated Transmission Line，

GIL）一体化耐压试验车是集耐压装置、电源装置、电压测量系统和自动举升装置于一体的新型快速试验装备，有效实现耐压试验在车上自动完成，耐压装置自动展开，无需组装。采用电感分压的融合式测压系统，谐振电抗器与分压器一体化，PLC集控操作发射架式全自动举升装置，30min能够达到试验状态，实现试验人员减少，试验效率增加。

该装置适用于500、750、1000kV GIS（GIL）交流耐压试验。

4.7.5.2　装备组成

耐压试验车装设了 GIS 交流耐压试验所需的成套设备以及相关附件、包括变频电源、励磁变、高压谐振电抗器（2 节）、充气式均压罩、电感式分压器等部件和辅助设备全部集成在经特殊改装的试验车上。高压谐振电抗器采用中心内筒固定空心线饼、辐向引出间隙支撑特殊结构，实现横卧储运和竖立试验两种状态变换不松动。充气式均压罩配备气囊式金属鳞片均压罩，固定安装于电抗器顶部；融合式串联谐振电感分压高压测量系统，采用电抗器内置融入式测压技术，实现了整体单柱结构，无需额外设置电容分压器。

4.7.5.3　技术原理

高压谐振电抗器采用"导弹竖立"式的结构方式可将装置由横卧储运展开至竖立试验状态。试验车采用液压升降、液压扩展支撑、支撑调平等功能，试验车的展开/回收由 PLC 按程序进行，可实现"一键化"操作。试验车采用防震、防松设计，运输耐冲击技术，使用液压升降装置实现卧倒运输，试验现场竖起。试验车在运输、举升和试验条件下的形态见图 4.7－7。其试验原理采用串联谐振耐压试验原理，与 4.7.3 试验原理相同，此处不再赘述。

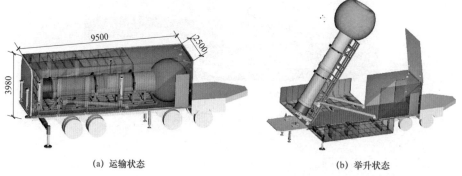

(a) 运输状态　　　　　　　　　　　(b) 举升状态

图 4.7－7　特高压 GIL 一体化耐压试验车在运输、举升和试验条件下的形态（一）

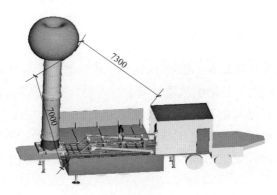

（c）试验状态

图 4.7－7 特高压 GIL 一体化耐压试验车在运输、举升和试验条件下的形态（二）

4.7.5.4 技术要点

（1）耐压试验车具备液压扩展支撑腿具备调平功能，设备不下车试验时，可使用液压支撑腿承载平台的重量并进行平台的调平工作，可以保证竖立托架及其上的高压试验设备始终处于水平，平台竖立状态也不易发生倾倒。

（2）耐压试验车具备带液压机械手抱箍举升托架，可采用液压举升方式将谐振电抗器连同竖立辅助托架进行"导弹竖立"，保证举升托架上高压试验设备对地绝缘安全距离。举升托架上配备的两个液压抱紧手臂用于固定安装在举升托架上的高压试验设备，防止其在"导弹发射"过程中的晃动。

（3）耐压试验车"导弹发射架"竖立的液压系统采用双液压缸平衡举升的方式，并配备有平衡阀、流量控制阀等物理缓冲及防侧倾措施。保证液压竖立过程中，电抗器在重心点切换时的反方向受力问题引起的冲击；保证"导弹发射架"两液压竖立过程中两个液压缸流量的严格同步从而使其行程同步，杜绝侧倾的发生。

（4）耐压试验车具有"一键式"PLC 平台竖立回收功能，平台配备全手动应急操作功能，在极端情况下装置发生严重损坏时的平台应急展开/收拢操作。

（5）耐压试验车采用框架式结构，可以有效承载试验设备、液压竖立机构、液压支撑腿以及竖立辅助机构的机械载荷。一体化平台在运输状态时举升支架处于接近水平状态，配备的固定机械竖立机构、液压支撑腿、举升托架等机构都处于固定闭锁状态，从而保证随运输车辆长途运输过程中的颠簸及振动不受损坏。

4.7.5.5　应用效果分析

（1）有效提高特高压 GIL 耐压试验工作效率，减少设备尺寸，优化电压测量方式，将剩余的补偿电抗器与基于电感原理的电压测量单元进行有效融合，实现自立式结构的车载试验装备，可在 8min 内完成电抗器自动升举；采用气囊式金属鳞片特高电压均压环结构，均压环均压效果良好，耐压试验装备及均压环现场安装时间由 8h 缩短至 30min，节约现场耐压试验准备工作时间。

（2）采用融合式电感分压测量装置对试验电压进行精确测量，融合式电感分压器测量误差小于 5‰，低于现场试验要求的 3%，保证了现场电压测量工作的精确、可靠。

4.7.6　换流阀低压加压测试系统

换流阀低压加压测试系统可在换流阀投运前模拟系统运行环境，实际解锁换流阀，以验证换流变压器一次接线、换流阀触发同步电压与触发控制电压、一次电压的相序及阀组触发顺序关系的正确性，保证晶闸管的触发顺序及检测功能达到设计要求。

4.7.6.1　适用范围

换流阀低压加压测试系统适用于±1100kV 及以下电压等级换流阀低压加压试验，换流阀低压加压试验见图 4.7-8。

(a) 仪器布置图　　　　　　　　　　(b) 现场录波监视

图 4.7-8　换流阀低压加压试验

4.7.6.2　装置组成

换流阀低压加压测试系统由感应调压器、试验变压器、模拟负载、自耦调压器和录波装置组成。

（1）感应调压器。感应调压器也叫隔离调压器。通过调压开关调整输出电压，给换流阀低压加压试验系统供电，同时隔离电源系统中的干扰。

（2）试验变压器。接收励磁变的输出电压并进行二次升压，提高换流阀低压加压试验系统的输出电压，以满足试验要求。

（3）模拟负载。模拟负载也叫无感电阻，试验时是并联在换流阀直流侧模拟运行负载，给换流阀导通提供持续的电流通道。

（4）自耦调压器。自耦调压器模拟输出三相 100V 电压给直流控制保护装置，模拟换流变压器交流侧带电，是换流阀解锁的必要条件。

（5）录波系统。录波系统采集换流阀低压加压试验过程中的三相调压输出电压作为基准电压，采集换流阀直流侧电压进行分析判断换流阀解锁波形的正确性。

4.7.6.3　技术原理

换流阀低压加压测试系统采用感应调压器作为试验电源，感应调压器的输出端接试验变压器的输入和自耦调压器的输入，试验变压器输出端给被试验的换流阀供电，自耦变压器的输出端给控制保护系统提供三相正序电压，模拟换流变压器交流侧带电。试验变压器和自耦调压器输入均取自感应调压器的输出端，确保一次系统和二次系统同源。直流负载电阻和换流阀形成一个闭合电流通路，确保换流阀解锁时负载电流不开路。换流阀低压加压试验接线图见图 4.7−9。

4.7.6.4　技术要点

（1）根据被试验换流阀最低触发电压和持续导通电流，计算出各触发角度下的直流负载。

（2）调整换流变压器和换流阀及其阀控系统处于低压加压试验模式。

（3）投入试验电源，调整自耦变压器，使得二次侧线电压为 100V；检查试验电源相序与阀组控制单元同步电压信号相序要求是否一致（正相序）。

（4）调整感应调压器输出电压，对换流变压器充电。

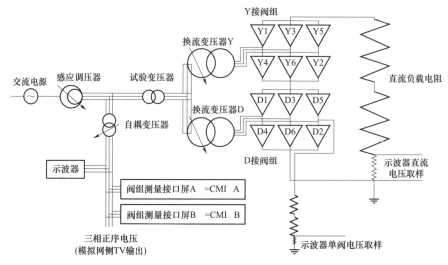

图 4.7－9　换流阀低压加压试验接线图

（5）确认同步信号正确；若无异常，将直流运行控制系统单侧独立解锁120°。正常后，闭锁换流阀，重新在 90° 解锁；控制触发角从 90° 开始逐步降低到 75°、60°、45°、30°、15°，用示波器检查记录每个角度的阀侧电压及波形；A 系统试验完毕后，切换至 B 系统，分别在 120°、90°、75°、60°、45°、30°、15° 再次单侧独立解锁，用示波器检查记录每个角度的阀侧电压及波形。

（6）观察记录仪直流波形的波头是否完整，分析同步回路、触发控制回路的接线是否正确。

4.7.6.5　应用效果分析

（1）应用场景广泛。换流阀低压加压测试系统容量能满足±1100kV 及以下电压等级换流阀低压加压试验。其中的感应调压器也可以单独使用开展±1100kV 及以下换流变压器一次注流试验。

（2）试验系统组装方便。换流阀低压加压测试系统由感应调压器、试验变压器、模拟负载、自耦调压器、录波系统 5 个部分组成，现场组装连接方便。

（3）试验波形分析准确高效。换流阀低压加压测试系统中的录波系统采用 8 通道高频交直流自动识别录波通道，基准波形和直流电压波形分析对比效果清晰准确。

4.7.7 变电站模拟主站调试装置

变电站模拟主站调试装置具备监控后台同步验收功能，同时实现了子站和主站端的监控信息自动验收，能够完成监控信息全回路、全信息验收，提高变电站监控信息验收效率，实现验收技术自动化，降低工作强度，缩短调试工期。

4.7.7.1 适用范围

变电站模拟主站调试装置适用于 IEC 61850 标准的各种电压等级智能变电站和常规变电站，尤其对新建变电站工期要求紧，调试时间短，常规调试方式无法按期完成监控信息调试和验收的工程较适用。监控信息验收现场见图 4.7-10。

图 4.7-10 监控信息验收现场

4.7.7.2 装置组成

变电站模拟主站调试装置由远动配置自动闭环校验模块、站端监控信息同步验收模块、调度主站自动检核模块等相关功能模块组成。变电站模拟主站调试装置见图 4.7-11。

（1）远动配置自动闭环校验模块。通过全景仿真全站间隔层装置 MMS 通信，同时模拟主站接收远动装置 IEC 104 报文实

图 4.7-11 变电站模拟主站调试装置

现远动装置转发配置的自动闭环校核，生成校核报告，形成远动配置点表，并能与 RCD 文件、调控信息表进行—致性比较，方便检查远动转发表是否错配、漏配、多配以及调控信息是否与实际相符。远动配置自动闭环校核应用示意图见图 4.7−12。

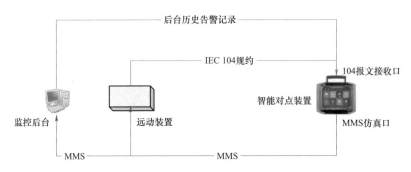

图 4.7−12　远动配置自动闭环校核应用示意图

（2）站端监控信息同步验收模块。通过对点装置的 IEC104 模拟主站功能，可在与主站监控信息验收之前，由变电站调试人员施加实际信号量，在站端通过模拟主站功能，与监控后台主机进行同步验收，校验远动装置配置与变电站一次/二次信号—致性。站端监控信息同步验收应用图见图 4.7−13。

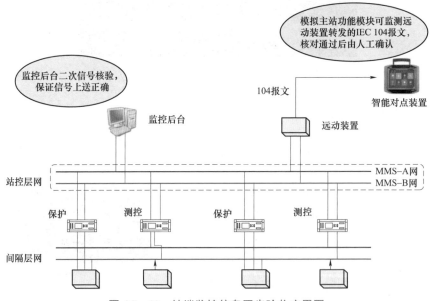

图 4.7−13　站端监控信息同步验收应用图

（3）主站自动对点校核模块。实现全站多装置跨间隔的仿真传动，依照监控信息点表顺序并按照自动验收校验规则自动触发遥信、遥测信号，与主站自动验收模块完成监控信息的自动核验。调控主站自动验收示意图见图4.7－14。

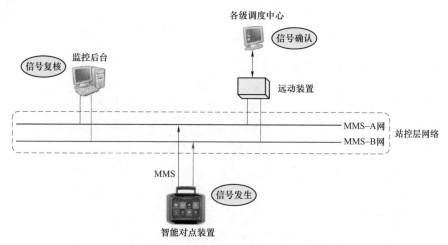

图4.7－14　调控主站自动验收示意图

4.7.7.3　技术原理

（1）SCD 文件快速解析技术。基于 XML－DOM 和 XPATH 技术，实现 SCD 文件的快速解析，提取全站 IED 装置的 MMS 通信配置信息、数据集、报告控制块、虚端子连接关系等信息；

（2）MMS 全站仿真技术。基于实时数据库和多进程的全站 IED 仿真技术，支持最多 255 个 IED 装置同时仿真，同时支持 A、B 网仿真，系统扩展性强。IEC104 同步验收主站：实现 IEC104 协议的遥信、遥测、遥控、遥调功能，支持跨网段和多通道验收；全景扫描技术：实现基于全站遥信的闭环扫描技术，获取 MMS 和 IEC104 的映射关系。

4.7.7.4　技术要点

（1）调试前确保监控信息点表正确，装置依照监控信息点表顺序，按照自动验收校验规则自动触发遥信、遥测信号，与主站自动验收模块完成监控信息的自动核验。

（2）因变电站模拟主站调试装置启动 MMS 通信仿真与变电站内 IED 装置的 IP 一致，变电站模拟主站调试装置工作时不能与站内 IED 装置在同一网络上。

（3）变电站模拟主站调试装置需先添加 IP 地址白名单，将监控后台、远动装置的 IP 地址添加后进行连接。

（4）模拟主站与远动装置通过 IEC104 通信协议通信时，采用跨网段通信，需按照主子站的 IP 进行配置通信参数。

（5）使用变电站模拟主站调试装置时，变电站模拟主站调试装置需屏蔽运行设备的仿真启动，仿真 IP 冲突导致网络异常。

4.7.7.5　应用效果分析

（1）提高工作效率、缩短监控信息验收时长。该装置的应用将验收时长缩短 80%以上，将数天工作时长缩短至几小时，大幅缩短监控信息验收、调试工期，减少了试验人员大量重复性工作，提高了工作效率。

（2）确保监控信息调试、验收质量。该装置能够实现全过程自动化完成监控信息校验，减少人为调试差错，实现了监控信息全回路、全信息验收，保证了验收质量。

（3）解决了变电站通信光纤开断后监控信息调试工期紧，任务重的难题，实现了监控信息工作量大、时间短的调试工作。

4.7.8　GIS 耐压闪络故障定位分析仪

GIS 气室较多，内部结构复杂，耐压闪络后难以确定故障气室位置，寻找放电气室困难，有时需要数天时间才能完成，且对安装完成后的 GIS 设备破坏较大，甚至会对无故障气室进行解体检查，造成施工工作量大幅增加，影响到工程启动工期。该装置应用超声波传感器接收超声延时原理，实现了 GIS 耐压故障的实时监控，快速、准确进行故障气室定位。

4.7.8.1　适用范围

GIS 耐压闪络故障定位分析仪能够进行各种电压等级 GIS 耐压试验闪络定位，适用于气室多，母线长的 GIS 设备耐压试验闪络气室定位，辅助试验人员寻找故障气室。现场检测照片见图 4.7-15。

4.7.8.2　装置组成

GIS 耐压闪络故障定位分析仪由后台分析系统及无线超声传感器以及相关的附件等组成。试验过程中无线超声传感器安装在 GIS 上，采用 GPS 时钟同步技术确保每个无线超声传感器同步采集，通过无线 AP 协议将采集数据传

输给后台分析系统。后台分析系统进行数据分析，能够快速分析出缺陷点的
位置及放电故障类型并确定放电位置。

(a) 监视试验过程   (b) 传感器布置

图 4.7 – 15　现场检测照片

4.7.8.3　技术原理

多通道 GIS 耐压闪络故障定位分析仪，在被试 GIS 的不同部位的关键点
处放置超声传感器，通过无线技术与主采集系统连接，当 GIS 耐压闪络时，
不同部位的信号强度和延迟时间，就会被传感器同步捕获，同时数据通过无
线传输方式传输给数据采集器，并传送至后台分析系统，从而快速分析出缺
陷点的位置。GIS 闪络定位仪系统原理示意图见图 4.7 – 16。

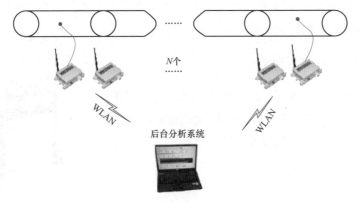

图 4.7 – 16　GIS 闪络定位仪系统原理示意图

4.7.8.4　技术要点

（1）根据传感器的数量和气室多少，合理分配传感器，按照传感器编号进行均匀布置，有助于寻找气室位置。

（2）试验前检查所有传感器，对所有传感器信号复归，防止外界干扰对装置采样影响。

（3）利用授时模块，对所有传感器统一授时，确保传感器间的监控数据后台软件分析正确。

（4）根据分析软件判断放电气室位置，需要结合气体分解产物特征来最终确定放电气室。

4.7.8.5　应用效果分析

该系统在耐压过程中实时监控各气室的放电情况，全过程全电压等级监控 GIS 耐压过程。当 GIS 耐压过程中出现闪络后，能够快速寻找 GIS 故障闪络位置。结合 SF_6 分解产物精准定位故障闪络位置点，快速准确判断故障气室位置。

4.7.9　移动式多组分 SF_6 分解产物监测系统

移动式多组分 SF_6 分解产物监测系统是检测局部放电痕量特征分解产物和水分含量的重要试验装置。该装置采用移动式设计，方便拆移至下一个监测点，及时监测（疑似）故障气室杂质组分浓度变化，便于集中精力解决危急问题，实现对（疑似）故障气室实时监测、指标趋势监测、超标主动示警等功能。装置采用深冷相变富集技术，能够高精度的实现分解产物测试，为分析判断故障类型提供依据。

4.7.9.1　适用范围

移动式多组分 SF_6 分解产物监测系统适用于 GIS 设备大气室（母线气室）或放电能量小分解产物少的气室分解产物检测，见图 4.7－17。

4.7.9.2　装置组成

该装置由深冷相变富集系统、特征分解产物光谱无损检测系统、镜面法湿度检测系统、SF_6 气体杂质

图 4.7－17　移动式多组分 SF_6 分解产物检测系统

色谱分析系统、相变采样回充系统以及远程监控系统等组成；

（1）深冷相变富集系统。可用于 SF_6 气体痕量分解产物的浓缩富集，利用深冷相变技术使 SF_6 气体液化，而分解产物仍保持气态，进而提高气态分解产物的浓度，富集倍数：20～200 倍。

（2）特征分解产物光谱无损检测系统：紫外荧光法、红外光谱与热释电法联用，无损检测局部放电特征分解产物 SO_2、CO、CF_4 浓度，结合镜面法湿度检测，可有效分析放电程度。

（3）SF_6 气体杂质色谱分析系统：根据光谱检测结果，进一步可启动色谱分析系统，一次进气即实现 CF_4、CO_2、SO_2、H_2S、CH_4、C_3F_8、COS、SO_2F_2、SOF_2 共 9 种低含量杂质气体的定量分析，特别是本系统所采用的增强型等离子检测技术可大幅提高检测灵敏度，实现 ppb 级别（$10^{-9}\mu L/L$）的痕量分析，可为分析判断故障类型提供依据。

（4）相变采样回充系统：通过深冷相变有效采集代表性样气并实现样气中气体分解产物的富集，检测结束后，通过骤热相变实现样气加压回送，实现无损耗的样气检测。

（5）远程监控系统：通过物联网在 PC 机或智能终端实现远程监控。

4.7.9.3　技术原理

通过深冷相变技术将被测气室内痕量 SF_6 分解产物浓缩富集 20～200 倍，再基于光谱法对 SF_6 典型特征分解产物 SO_2（紫外荧光）、CO（红外光谱）和 CF_4（红外热释电）进行无损检测，同时提高了检测灵敏度，可进一步决策是否启动 SF_6 气体杂质色谱分析系统实现多种气体分解产物含量分析，以便交叉定位故障类型。同步检测气体湿度，结合相关气体分解产物浓度对放电程度进行有效分析。

4.7.9.4　技术要点

（1）为避免仪器内部残余气体干扰，提高仪器测量精度，测试气体进入仪器前需对该装置本体抽真空处理。

（2）尽量采用装置的全自动工作模式，其检测效果优于手动模式。另外，为达到更好的富集效果，装置应尽量避免暴露在阳光下。

（3）试验时注意个人安全防护，避免吸入被测气体。

4.7.9.5　应用效果分析

（1）使痕量分解产物富集 20～200 倍，然后基于光谱无损检测系统和色谱分析系统结合湿度检测系统的检测数据进行综合分析，有效提高大容积气室（GIS 母线气室、GIL 气室）放电故障的检出率，做到早发现、早维护，保障了电气设备的安全运行。

（2）移动式设计，便于拆移，对疑似故障气室进行重点监测，提高装置利用率，在线监测大幅提高了试验工作效率。

4.7.10 智能无线伏安相位监测仪

智能无线伏安相位监测仪通过"无线传输＋多机协作"方式实现多个并发采集模块之间的实时信号同步，完成三相电压、电流幅值、相位、有功、无功、矢量图、频率、相位测量。

4.7.10.1 适用场景

智能无线伏安相位监测仪适用于各种电压等级变电站二次电流、电压相位测量及有功、无功测量，见图 4.7-18。

(a) 组件模块

(b) 平板主机方式

(c) 手机主机方式

(d) PC 主机界面

图 4.7-18 智能无线伏安相位监测仪组件图

4.7.10.2　装置组成及原理

智能无线伏安相位监测仪包括采集模块、通信集中器（PC 用）、通信中继器、主机无线模块（平板、手机用），具有基础测试、自动测试、智能诊断等多种测试模式。其中基础测试包括三相测试、多机遥测、电流测试。自动测试根据配置，智能诊断除测量功能外还具备诊断功能。多机协作监测原理见图 4.7 – 19。

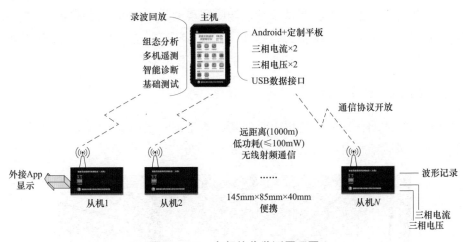

图 4.7 – 19　多机协作监测原理图

4.7.10.3　技术要点

（1）实现远距离无线同步测量，相位误差在 0.5° 以内，多台采集模块（可支持 50 台同时工作）可以同时测量多路电压、多路电流的幅值和相位。

（2）采集模块固化通信地址，方便布置和查询，指示灯直接显示带电状态。

（3）PC 端作为主机接收数据可直接同步云端，任意安装 App 软件的平板和手机均可作为匹配主机无线模块作为主机。

（4）通信中继器可根据实际无线信号质量灵活布置，增强信号强度和传输距离，进一步适应各种变电站应用场景。

（5）采用多机协作模式时，应用 App 软件可直接确认通信状态，方便互联。

4.7.10.4　应用效果分析

实现了变电站内不同地点电流和电压同步测量的功能，减少了常规测试方式布线的工作量，保障了测试时电流电压回路的安全性，实现了变电站内任意地点的电流电压相位测量。装置测试精准性高，测试结果准确可靠，测试方便，提高了相位测试试验的效率，减少了试验人员数量。

4.7.11　集装箱式油化试验室

该集装箱式油化试验测试系统，能够实现油化试验的全套试验，包括微水、颗粒度、油耐压、耐张力、色谱、酸值、闭口闪点、介质损耗等试验项目，对提高油化试验效率，试验数据准确性具有重要意义。

4.7.11.1　适用范围

集装箱式油化试验室适用于时间紧、油化试验工作量大、油样送检困难的工程。集装箱式内油化试验测试见图 4.7-20。

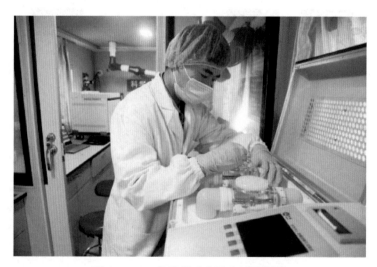

图 4.7-20　集装箱式内油化试验测试

4.7.11.2　装置组成及原理。

集装箱式油化试验室，将油化试验设备集中在集装箱内，主要包括：张力仪、水溶性酸测试仪、绝缘油耐压试验仪、绝缘油酸值自动测定仪、微量水分测试仪、色谱仪、颗粒度测试仪等。

（1）张力仪（见图 4.7–21）。采用圆环法在非平衡条件下，测量各种液体表面张力（液–气相界面）及矿物油与水的界面张力。

（2）水溶性酸测试仪（见图 4.7–22）。采用大屏幕液晶显示，利用微处理器控制，可以根据用户的设定条件自动完成加热、恒温、振荡、取样、测试等功能，可以一次性测量三个样品，大大缩短了用户的测试时间。

图 4.7–21 张力仪　　　　　　图 4.7–22 水溶性酸测试仪

（3）全自动绝缘油耐压试验仪。该装置为具备自动化程序控制功能且性能可靠的多油杯耐压试验仪，试验仪需选择试验程序，仪器即可自动完成整个试验过程。

（4）绝缘油酸值自动测定仪，采用中和法原理，用微机控制在常温下自动完成加液、快速滴定、搅拌、光电检测判断滴定终点。

4.7.11.3 技术要点

（1）试验环境要求干净整洁，试验过程避免粉尘、水分侵入试验样品内，提高试验结果可靠性。

（2）集装箱优化试验室设置弹簧减震结构，能够在运输转移过程中保证仪器安全，集装箱内能够实现恒温恒湿环境，保障仪器检测精度。

（3）集装箱内设有专用取水口及辅助材料存放位置，试验所需用水及辅助耗材方便使用。

4.7.11.4 使用效果分析

（1）能够实现全套油化试验，高效完成油化试验任务。集装箱式油化试验装置系统集成全套油化试验仪器及其所需的试验器材，实现了在变压器安装现场进行油化试验工作，能够方便、快捷、高效的完成大工作量油化试验任务。

（2）为试验人员提供良好的试验环境，确保试验数据的可靠。

4.7.12　便携式瓷绝缘子零值检测仪

悬式瓷绝缘子是变电站主要组成设备，零值检测是最常规的必要检测手段。便携式瓷绝缘子零值检测仪轻巧便捷，通过输出高达 60kV 的脉冲电压，使存在缺陷的瓷绝缘子被击穿，从而快速检测出劣化瓷绝缘子。

4.7.12.1　适用范围

便携式瓷绝缘子零值检测仪适用于瓷绝缘子安装前逐片零值检测或在运瓷绝缘子抽检或疑似零值复核。瓷绝缘子零值检测见图 4.7-23。

4.7.12.2　装置组成

适用于地面检测的便携式瓷绝缘子零值检测仪由主机、操作杆、手持操控终端三部分组成，两人配合使用，见图 4.7-24。

图 4.7-23　瓷绝缘子零值检测

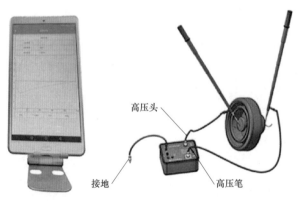

图 4.7-24　便携式瓷绝缘子零值检测仪（一）

适用于构架检测的便携式瓷绝缘子零值检测仪由整合而成的一套主机组成，包含了高压脉冲发生模块、测量模块、数据处理模块、操控模块及测量探针，见图 4.7－25。

4.7.12.3　技术原理

电压越高越容易造成绝缘缺陷被击穿，综合考虑高压需求和轻巧便捷需求，提出基于脉冲高压法研制便携式瓷绝缘子零值检测仪。通过不同脉冲电压幅值、脉冲宽度对比试验表明，100ms 方波脉冲高压作用下，劣化瓷绝缘子击穿电压一般小于 40kV。

图 4.7－25　便携式瓷绝缘子零值检测仪（二）

依托瓷绝缘子零值检测数据库构建，提出了零值瓷绝缘子阻值和测试电压曲线特征联合智能诊断的评判准则，见图 4.7－26。100ms 脉冲高压作用下，判别标准如下：

（1）绝缘电阻值≥500MΩ，测试电压峰值电压大于 40kV，且电压信号放电脉冲个数为零，判断为高值绝缘子。

（2）50MΩ＜绝缘电阻值＜500MΩ，测试电压峰值大于 40kV，且电压信号放电脉冲个数大于 1，判断为低值绝缘子。

（3）绝缘电阻值≤50MΩ，测试电压峰值小于 30kV，且电压信号放电脉冲个数为零，判断为零值绝缘子。

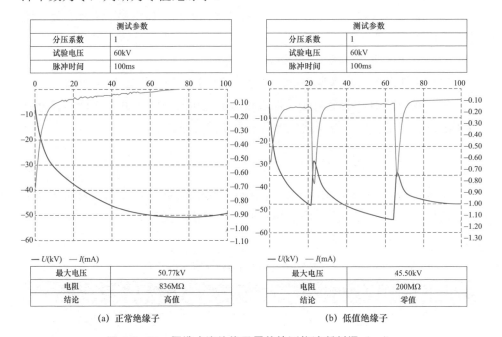

（a）正常绝缘子　　　　　　　　　（b）低值绝缘子

图 4.7－26　便携式瓷绝缘子零值检测仪诊断判据（一）

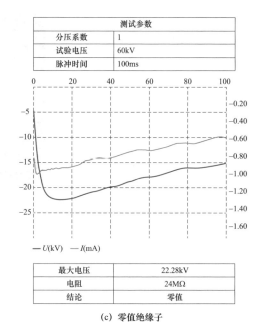

测试参数	
分压系数	1
试验电压	60kV
脉冲时间	100ms

最大电压	22.28kV
电阻	24MΩ
结论	零值

(c) 零值绝缘子

图 4.7－26　便携式瓷绝缘子零值检测仪诊断判据（二）

4.7.12.4　技术要点

（1）输出电压高，可达 60kV，确保劣化瓷绝缘子被击穿，提高劣化瓷绝缘子检出率。

（2）轻巧便捷，重量小于 3kg，搬运方便。

（3）快捷高效，能满足大量瓷绝缘子逐片测零的工程应用需求。

（4）智能准确，采用绝缘子阻值和测试电压波形特征联合诊断劣化瓷绝缘子的方法，实现了智能诊断，提高了诊断准确率。

4.7.12.5　应用效果分析

便携式瓷绝缘子零值检测仪在各电压等级瓷绝缘子零值检测方面进行了广泛应用，相比传统绝缘电阻表逐片测零，更快、更准、更智能，提高现场试验效率，详见表 4.7－3。

表 4.7－3　　　　　　　　　　与传统绝缘电阻表效果对比

检测装置	测量电压	检测时间	检测方式	诊断方法	优势
传统绝缘电阻表	5kV	1min	地面	绝缘电阻值	更快、更准、更智能、更便捷
便携式零值检测仪	40～60kV	100ms	地面/构架	绝缘电阻值＋测试电压波形	

4.8 应 用 实 例

4.8.1 油绝缘类设备安装调试

以某 500kV 变电站新建工程为例,工程建设 2 组 1000MVA 单相自耦无励磁调压变压器。以该 500kV 变电站变压器安装为例,介绍安装过程中的主要机械化成果应用,变压器安装主要机具见表 4.8-1。

表 4.8-1 变压器安装机具一览表

序号	名称	规格/型号	单位	数量	备注
1	汽车式起重机	25t	台	1	
2	双级真空滤油机	VH060R	台	1	配油管
3	油箱	10t	只	6	带干燥呼吸器
4	真空泵	VG2000	台	1	真空泵
5	干燥空气发生器	AD-200	台	1	
6	电、氧焊工具	—	套	各1	
7	干燥空气露点仪	—	只	1	
8	含氧量测试仪	—	只	1	
9	干湿温度计	—	只	2	
10	电子真空计	—	只	2	
11	清洗机	PX-58A	台	1	

4.8.1.1 变压器附件安装

该工程变压器附件安装主要为变压器升高座、套管、冷却器及储油柜的安装,根据现场实际情况,汽车式起重机座位于变压器前主马路上;计算吊装重量,结合起重机特性,起重机选用 25t 汽车式起重机进行安装。

4.8.1.2 真空处理

变压器本体及附件抽真空方法应符合下列规定:
(1)应进行真空处理,并应检测泄漏率。

（2）抽真空时，应监视并记录油箱的形变，其最大值不得超过油箱壁厚的两倍。

（3）采用真空计测量油箱内真空度，真空度不高于 133Pa，真空保持时间不低于 24h。

抽真空基本操作见表 4.8－2。

表 4.8－2　　　　　　　　　　抽 真 空 操 作 规 范 表

步骤	规　　范
真空泵检查	1. 检查真空泵外观、功率、型号。 2. 检查真空泵油面位置
电源检查及真空泵试机	1. 抽真空过程中应设专用电源，开机前检查电源是否连接，确认无误后方可启动真空泵电动机。 2. 断续启动 1～2 次，观察在运转中有无异常声响及特殊的震动，无问题方可连续运转
管道连接	1. 对照产品型号，选择合适的专用接头。 2. 将真空泵与待抽气室用管道连接
阀门状态检查	1. 打开真空罐进气管上的阀门。 2. 打开待抽气室的阀门
启动真空泵	抽真空时必须有专人监护，如果真空泵由于电源中断或是其他不可预见的原因中途停泵时，应尽快关闭抽气接口处阀门，以防真空泵内润滑油进入设备内部
真空度读取	1. 正确读取真空泵上的真空值。 2. 按厂家技术文件进行操作，直至合格为止

4.8.1.3　真空注油及热油循环

变压器运行时为高电压、大电流，因而需要绝缘油优良的绝缘和冷却性能，见图 4.8－1。

·绝缘油处理
　·过滤固体颗粒
　·除水
　·脱气

·绝缘油
　·水分含量≤50mg/L
　·气体含量≤12%
　·新油中固体颗粒含量
　·击穿电压≥25kV

·不蒸发轻质油
·不蒸发抗氧化剂
·绝缘干燥

·水分含量≤4mg/L
·气体含量≤0.1%
·新油中固体颗粒(5μm)
　≤1000/100mL(DL/T 1096—2008)
·击穿电压≥75kV

图 4.8－1　绝缘油处理分析示意图

热油循环的目的就是提高绝缘油的纯净度，将油中的水分、氮气、乙炔、尘粒等过滤出来，绝缘油的纯净度越高，变压器绝缘强度、安全性和冷却性能就越强。

热油循环应符合下列条件，方可结束：热油循环持续时间不应少于48h；该变压器热油循环不应少于 3×变压器总油重/通过滤油机每小时的油量 $=3\times(59\times1000\div0.895)/5900=33.52\text{h}<48\text{h}$，因此选择热油循环不少于48h；

变压器通过真空滤油机热油循环，常用型号为VH120RS、VH060R、VH060等。主要由加热器、油泵、过滤器、真空泵、罗茨泵、控制系统组成，可有效去除油中杂质、有色劣化物、游离碳等，迅速降低油的酸值和介质损耗。该工程变压器单相器身重119t，总油重59t，选择VH060R型滤油机（对照图4.8-2）。

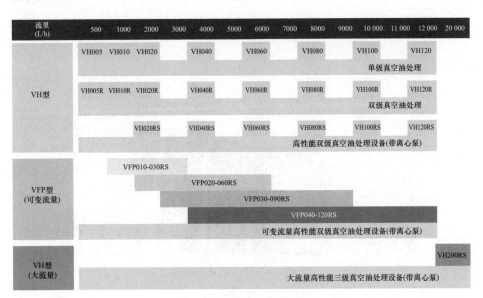

图4.8-2 真空滤油机参数图

图4.8-3所示为VH060R型滤油机管路原理图。

变压器在整体复装完成后应立即进行抽真空及真空注油工作，抽真空、注油工作不宜在雨天或雾天进行。

注油从油箱下部注油阀注入，注油过程中，各侧绕组所有外露的可接地的部件及变压器外壳和滤油设备都应可靠接地。注油全过程应保持真空，注入油的温度应高于器身温度，注油速度不宜超过6000L/h，见图4.8-4。

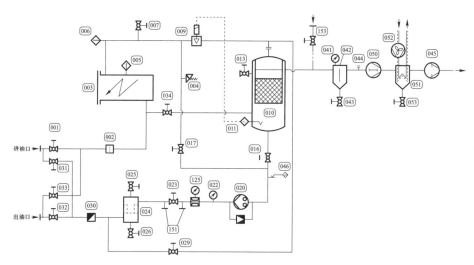

图 4.8－3 滤油机管路原理图

图 4.8－4 变压器真空滤油

4.8.1.4 变压器长时感应耐压带局部放电测量试验

进行耐压试验前，变压器各项常规试验项目已完成且合格，绝缘油色谱分析试验结论合格。根据变压器设备参数，估算试验所需仪器容量、电源容量，选择励磁变压的接线方式、电抗量串并联接线方式和试验电源线规格。

以容量为 334MVA，空载损耗为 66kW 单相变压器为例，根据并联谐振原理，估算空载时电源侧额定电流约 200A（不计仪器损耗），考虑试验电压到 1.8 倍额定电压，在 1.8 倍额定电压下电源侧电流约 360A，仪器容量需大于

240kVA。因此，本试验选用容量为 450kVA 耐压系统，电源线选择截面为120mm² 单相铜芯，能够满足试压要求。

采用双励磁方式在变压器低压侧施加试验电压，低压侧电压加 ax 相套管，中性点 X 套管接地。利用变压器套管电容作为耦合电容CK1、CK2，并在其末屏端子对地间串接测量阻抗。变压器局部放电试验接线原理图见图 4.8－5，试验时绕组各端点电位相量见图 4.8－6（a）。同理，A 相试验时，低压侧电压加ac 相套管，b 相套管接地；C 相试验时，低压侧电压加 bc 相套管，a 相套管接地。

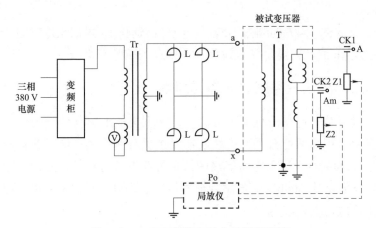

图 4.8－5　变压器局部放电试验接线图

图 4.8－5 中，T1 为无局部放电励磁变压器，L1、L2 为无局部放电补偿电抗器，T 为被试变压器。试验接线连接完成后，根据试验加压曲线分步进行加压，变压器各绕组耐压电压及加压流程见图 4.8－6。

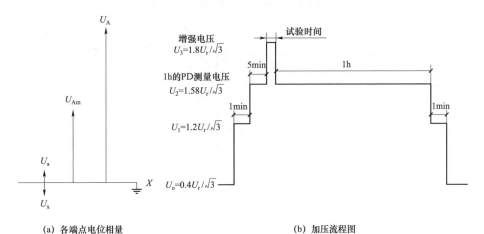

(a) 各端点电位相量　　　　　　　　　　　　(b) 加压流程图

图 4.8－6　变压器局部放电试验时各侧绕组电压向量图及试验加压流程

感应耐压带局部放电测量试验结果判断

（1）试验电压不产生突然下降；

（2）在 1h 局部放电试验期间，没有超过 100pC 的局部放电量记录；

（3）在 1h 局部放电试验期间，局部放电水平无上升的趋势，在最后 20min 局部放电水平无突然持续增加；

（4）在 1h 局部放电试验期间，局部放电水平的增加量不超过 50pC；

（5）在 1h 局部放电测量后电压降至 $1.2U_r/\sqrt{3}$ 时测量的局部放电水平不超过 100pC。

如果（3）和（4）的判据不满足，则可以延长 1h 周期测量时间，如果在后续的连续 1h 周期内满足了上述条件，则认为试验合格。

4.8.2　AIS 变电站管形母线焊接

管形母线是变电站的重要设备之一，起到电能汇集与分配的作用，管形母线的安全、可靠运行对于变电站其他设备以及整个区域电网都有着至关重要的作用。500kV 及以上电压等级的管形母线有着跨距长、直径大、重量重等特点。下面以某 500kV 变电站管形母线安装为例，介绍管形母线焊接过程中的主要机械化成果应用。

4.8.2.1　管形母线下料及坡口制作

该站管形母线焊接试件型号为 6063G－Φ250/230。管形母线配置后对焊接端进行坡口处理，并在管形母线焊接端头处加工加强孔，其大小、数量及分布尺寸应根据图纸施工，见图 4.8－7。

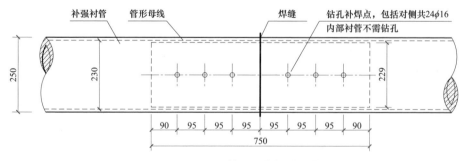

补强衬管　管形母线　　　　　　　　　焊缝　　钻孔补焊点，包括对侧共24φ16
内部衬管不需钻孔

250　230　229

90　95　95　95　95　95　95　90
750

图 4.8－7　500kV 管形母线焊接示意图

将管形母线置于焊接托架上，用坡口机制作坡口，坡口角度控制在 35°～40°，坡口应留有 1～2mm 钝边，表面无毛刺、飞边。在管形母线制作坡口时，调整坡口机刀具，管形母线切割面与中心线垂直，同时管形母线轴心与坡口机中心吻合，见图4.8-8。

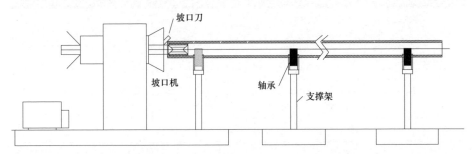

图 4.8-8　管形母线坡口加工示意图

4.8.2.2　管形母线焊接

将制作好的管形母线放置在焊接托架上，穿入焊接部位的管形母线衬管，采用管形母线自动焊接装置进行管形母线焊接。

4.8.2.3　吊装

该500kV配电装置区均采用斜拉悬吊式管形母线，型号为6063G-Φ250/230铝镁硅合金管形母线，管内无消震导线。500kV配电装置Ⅰ母和Ⅱ母均为两个间隔为一个安装单元，第一串及第六串间隔距离为29m，其余间隔距离为27m。按设计图纸管形母线两端预留安全距离后，本次500区域共安装两种长度的管形母线，一种是52.1m，另一种是50.1m。悬挂管形母线的V形绝缘子串由2串34片U160BP-155T型绝缘子及相应金具组成（带花篮螺丝调节），管形母线两侧端口处用封端球密封，中间采用跳线线夹过渡。安装后，管形母线中心线标高为15.5m。

本次起重作业最重为52.1m铝合金管形母线，单个重约1.094t，起重机吊钩、吊索钢丝绳重约0.4t，吊装高度15.5m，作业半径控制在12m内，采用25t和5t卷扬机完成就位。

4.8.3　户内GIS设备安装调试

GIS设备通常以间隔为单元运输，现场整体预就位，再对接安装。下面以某装配式全户内变电站为例，介绍安装过程中的主要机械化成果应用，户内GIS设备安装主要机具见表4.8-3。

表 4.8－3 户内 GIS 设备安装常用工机具表

序号	名称	规格/型号	单位	数量	备注
1	GIS 设备自行走安装系统/室内组合电器气垫运输装置	—	套	1	
2	千斤顶	10t	只	4	
3	电焊机	300A	台	2	
4	平板移动器	5t	台	2	
5	真空泵	VG300	台	2	
6	气体检测仪	—	只	1	
7	水平仪	—	台	1	配标尺
8	真空表	—	只	3	
9	真空吸尘器	—	台	1	大功率
10	检漏仪	—	只	1	
11	汽车式起重机	50t	辆	1	
12	鼓风机	—	台	1	

4.8.3.1 基础及轴线检查

GIS 设备到场前，应对其基础进行一次全面复测，并符合如下要求：

（1）根据基础图核对各基础埋件均已埋设完毕。

（2）已确保 GIS 设备场地及周边无影响设备进场的障碍物。

（3）三相共一基础标高允许偏差≤2mm。

（4）相邻间隔基础标高误差≤5mm。

（5）明确 GIS 设备安装位置，并在地面标识出中心轴线，尤其是断路器、Ⅰ、Ⅱ母中心线。

4.8.3.2 GIS 设备安装就位

该工程户内 220kV GIS 设备位于 GIS 设备室南侧，在南侧 1－2 轴之间设有 4000mm×4500mm（宽×高）卷帘门，满足最大间隔包装尺寸进入，设备卸货时按布置图间隔顺序，从 7 轴至 1 轴顺序间隔就位。

采用 50t 汽车式起重机起吊至 GIS 设备室入口，设备底座系挂两根溜绳，便于设备卸货，设备就位过程中注意对墙板和门框的成品防护。随后采用 GIS

设备自行走安装系统或室内组合电器气垫运输装置将设备移动至室内，进行 GIS 设备就位、安装。

4.8.3.3 户内 GIS 设备安装

间隔单元与间隔单元直接对接的安装应满足下列要求：

（1）间隔单元安装应根据实际布置情况，以中间的间隔（为分段间隔）轴线为基础，逐步向两侧间隔进行安装。

（2）分段间隔作为首间隔安装，其定位精度调整满足图纸及说明书要求后，方可进行后续间隔安装，位置调整合格后，对该间隔进行点焊，拆除拟对接的临时封板。

（3）封板打开后检查其盆式绝缘子应完整无破损，气室内的支柱绝缘子应完好、紧固，内部清洁且无异物，连接触头完好，内部若有临时支撑件应予拆除。

（4）打开相邻的第二安装单元的封板，并对内部进行相同检查。

（5）对接法兰面应平整、清洁无划伤，已用过的密封垫不得使用；新换的密封垫必须无扭曲、裂纹，涂抹密封脂时，不得流入垫圈内侧；同时对盆式绝缘子、内部支柱绝缘子的表面进行清洁工作。

（6）将第二安装单元安装就位，并与第一安装单元对接，对接时要非常小心不能损坏连接触头，确保轴线及水平度能满足厂家要求；检查密封垫无偏移后，穿好对接螺丝并紧固，其具体的螺栓扭矩值应按厂家要求执行。

（7）在第一安装单元和第二安装单元底架吊点孔上安装两副 5t 的手拉葫芦，收紧手拉葫芦，确保两对接法兰面边沿重合不错位的情况下，先用扳手将水平中部两处螺栓预紧至法兰面合拢住。然后再装配上半圈螺栓，用力矩扳手对角依次紧固。

（8）第二安装单元安装完毕后，进行两间隔回路电阻测试，与出厂值进行对比不大于 10%，即可按上述步骤进行后续单元安装，直至间隔单元全部安装结束。

4.8.3.4 试验套管及 GIS 设备附件的安装

GIS 设备附件及套管（仅变压器间隔）采用 GIS 设备室屋面预留的吊环配合链条葫芦和吊带起吊，避雷器、TV、电缆终端利用设备本身自带的吊点，采用卸扣加吊带的方式进行绑扎。起吊时设备端部应系挂控制绳。

4.8.3.5 抽真空及真空检查

GIS 设备各单元组装完毕后，应及时进行抽真空，在对 GIS 设备进行抽真空之前应了解真空泵和气体回收装置的正确使用方法，正确连接抽真空管路，注入气室的气体含水量应符合规范要求。

4.8.3.6 注气及密封试验

（1）SF_6 气体在注入 GIS 设备前，应对瓶中气体做好检验，合格后方可充入。

（2）充气时可使用 SF_6 气体多功能充气装置提高充气效率。充气时，所有抽注气管道必须清洁干净且无杂质，SF_6 气体瓶应装设减压阀；作业人员必须站在气瓶的侧后方或逆风处，防止漏气造成人身伤害。

（3）SF_6 气体的充入要在抽真空压力值完成后的 2h 内进行，充气压力不宜过高，应使压力表指针不抖动缓慢上升为宜，应防止液态气体充注入 GIS 设备内；气体充注后，应用灵敏度不低于 10^{-6}（体积比）的六氟化硫气体检漏仪对外壳焊缝、接头结合面、法兰密封、转动密封、滑动密封、表计接口处等部位进行检漏。

4.8.3.7 GIS 耐压试验

（1）试验条件及技术准备。试验应在良好天气且被试物及仪器周围温度不宜低于 5℃，空气相对湿度不宜高于 80% 的条件下进行。GIS 常规试验已完成并合格。

（2）试验参数核算。

第一步：根据 GIS 间隔数量、母线长短，估算 GIS 电容量；

第二步：根据电抗器，计算出试验频率；

第三步：根据试验电压、试验频率，计算需要仪器容量、电源容量。

第四步：核算容量、频率是否满足仪器参数。

（3）试验接线及操作步骤。试验前，检查仪器接线正确、可靠、牢固，试验仪器、设备接地可靠，检查确认耐压试验范围，TA 短接接地情况。检查试验加压部分安全距离满足规程规范要求。

（4）试验按照流程逐渐提高试验电压，直到出厂电压值得 100%，保持 60s。图 4.8-9 所示为其中一种加压流程。

（5）试验结果判断。SF_6 组合电器的每一部件均已按选定的试验程序耐受规定的试验电压而无击穿放电，则认为设备通过耐压试验。

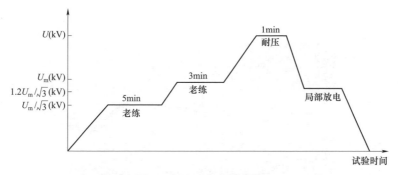

图 4.8-9 GIS 加压流程

4.8.4 预制舱设备制造与安装

以某 220kV 变电站为例，介绍该变电站主要预制舱设备集成制造与现场装配。

4.8.4.1 舱体生产制造

舱体框架生产流程如下：前框总成焊接→后框总成焊接→底结构焊接→外侧板焊接→总装→打砂→喷漆。舱体生产见图 4.8-10。

图 4.8-10 舱体生产

4.8.4.2 舱体装配

（1）舱体装配流程。舱内主要包括铝单板吊顶、地板铺设、门窗工程、墙板、水电安装等，施工以自上而下、先隐蔽后面板、先整体后局部为原则，装配后效果见图 4.8-11。

（2）墙板安装。舱体围护墙体主要采用纤维水泥板夹发泡混凝土轻质复合板墙体。做法从外到内依次为纤维水泥装饰板、岩棉、方钢管走线空腔、纤维水泥装饰板。主要分为墙体结构龙骨安装施工、方钢龙骨走线空腔安装、岩棉填充、装饰板安装。

图 4.8-11　舱体效果图

4.8.4.3　舱体装饰

舱体装饰主要包括线管暗敷、吊顶顶棚施工、地板安装、铝合金窗安装、灯具安装、室内配电箱、开关及插座安装、卫生器具安装。安全工具间、警卫室装配后效果见图 4.8-12 和图 4.8-13。

图 4.8-12　安全工具间装饰图

图 4.8-13　警卫室装饰图

4.8.4.4　舱体辅助系统装配

舱体辅助系统装配分为图像监控系统装配、火灾报警系统装配、照明系统装配、通风空调系统装配。

一体化纤维水泥集成墙板。当前电力建设工程仍属于劳动密集型行业，现场作业量大、安全风险高，随着我国人口老龄化，劳动力逐渐短缺，传统的建设方式已经不能满足时代发展的需要，而模块化、装配式最符合建筑工业化需要的内涵。现场安装过程中焊接、切割工作较多，安装工作量巨大，造成现场交叉施工多、安装周期长、质量工艺差等问题。一体化纤维水泥集成墙板集中加工，统一配送至现场，提高了装配工艺，形成了标准化应用成果和先进经验，打造具有电网特色的绿色建设新模式，一体化纤维水泥集成墙板主要施工流程见图 4.8 – 14。

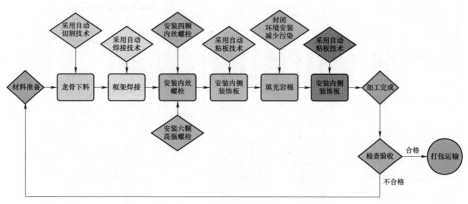

图 4.8 – 14　一体化纤维水泥集成墙板施工流程

4.8.4.5　吊装计算分析

预制舱平面布置图见图 4.8 – 15。

本次起重作业主要为预制舱总体吊装，包含了预制舱本体及舱内的设备，卸货时按照预制舱到货顺序依次进行吊装。

根据厂家提供的单件设备重量及现场实际情况，计算吊装重量，结合起重机特性，起重机选型计算分析如下：

（1）二次设备预制舱（110kV 二次舱、220kV 二次舱、变压器二次舱、站控层舱、通信设备舱、交流二次舱、直流二次舱、蓄电池舱），舱体及舱内内部设备最重约 22t，单个长宽高为 12 200mm×3000mm×3200mm，汽车式起重机可坐落于环形马路上，最远距离约为 12m，吊装高度约 6.5m，汽车式起重机吊钩、吊索及钢丝绳重约 0.8t。

计算重量 =（起吊重量 + 汽车式起重机吊钩、吊索及钢丝绳）×
动载荷系数 1.1 =(22 + 0.8)×1.1 = 25.08（t）

根据 130t 汽车式起重机起重性能表，当工作幅度在 12m，主臂长度为 17.4m 时，汽车式起重机安全起吊重量为 32t，满足施工现场二次设备预制舱最大

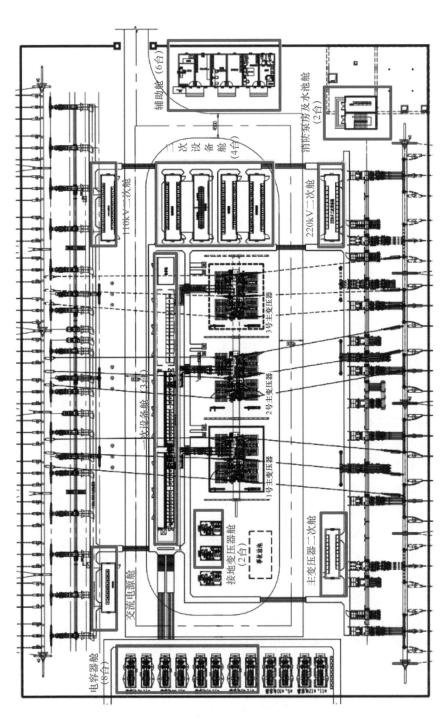

图 4.8－15　预制舱平面布置图

重量为 25.08t 的要求，此时吊高约为 12.56m，满足施工现场吊高 6.5m 的要求。因此二次设备预制舱吊装选用不小于 130t 汽车式起重机作为主起吊设备。

（2）一次设备预制舱（1 号开关柜预制舱、2 号开关柜预制舱），舱体及舱内内部设备最重约 34t，单个长宽高为 14 000mm×3400mm×3400mm，汽车式起重机可坐落于环形马路上，最远距离约为 12.2m，吊装高度约 7m，汽车式起重机吊钩、吊索及钢丝绳重约 0.8t，计算重量 38.28t。根据 200t 汽车式起重机起重性能表，当工作幅度在 14m，主臂长度为 18.1m 时，汽车式起重机安全起吊重量为 43.5t，满足施工现场一次设备预制舱最大重量为 38.28t 的要求，此时吊高约为 11.4m，满足施工现场吊高 7m 的要求。因此二次设备预制舱吊装选用不小于 200t 汽车式起重机作为主起吊设备。

接地变压器预制舱（2 台），舱体及舱内内部设备最重约 11t，单个长宽高为 4000mm×2600mm×2800mm，汽车式起重机坐落于环形马路上，最远距离约为 15m，吊装高度约 6m，汽车式起重机吊钩、吊索及钢丝绳重约 0.8t，计算重量 12.98t。

根据 100t 汽车式起重机起重性能表，当工作幅度在 16m，主臂长度为 34.8m 时，汽车式起重机安全起吊重量为 13.1t，满足施工现场接地变压器预制舱最大重量为 12.98t 的要求，此时吊高约为 30.9m，满足施工现场吊高 6m 的要求。因此接地变压器预制舱吊装选用不小于 100t 汽车式起重机作为主起吊设备。

（3）辅助用房预制舱（6 台）及检修舱，舱体及舱内内部设施最重约 6t，单个长宽高为 6000mm×3000mm×3400mm，汽车式起重机坐落于环形马路上，最远距离约为 10m，吊装高度约 7m。汽车式起重机吊钩、吊索及钢丝绳约 0.8t，计算重量 7.48t。

根据 25t 汽车式起重机起重性能表，当工作幅度在 10m，主臂长度为 15.36m 时，汽车式起重机安全起吊重量为 7.5t，满足施工现场接地变压器预制舱最大重量为 7.48t 的要求，此时吊高约为 11.60m，满足施工现场吊高 7m 的要求。因此辅助用房预制舱（6 台）及检修舱吊装选用不小于 25t 汽车式起重机作为主起吊设备。

（4）消防泵房及水池预制舱（2 台），舱体及舱内内部设施最重约 6t，单个长宽高为 6000mm×3000mm×3400mm，汽车式起重机坐落于环形马路上，最远距离约为 14m，吊装高度约 7m。汽车式起重机吊钩、吊索及钢丝绳约 0.8t，计算重量 7.48t。

根据 100t 汽车式起重机起重性能表，当工作幅度在 16m，主臂长度为 21.6m 时，汽车式起重机安全起吊重量为 9.9t，满足施工现场接地变压器预制舱最大重量为 7.48t 的要求，此时吊高约为 14.5m，满足施工现场吊高 7m 的要求。因此消防泵房及水池预制舱（2 台）吊装选用不小于 100t 汽车式起重机作为主起吊设备。

（5）电容器预制舱（8 台），舱体及舱内内部设施最重约 12t，单个长宽高为 5400mm×2000mm×3250mm，汽车式起重机坐落于环形马路上，最远距离约为 11m，吊装高度约 6.5m。汽车式起重机吊钩、吊索及钢丝绳约 0.8t，计算重量 14.08t。

根据 100t 汽车式起重机起重性能表，当工作幅度在 12m，主臂长度为 17.2m 时，汽车式起重机安全起吊重量为 19.5t，满足施工现场接地变压器预制舱最大重量为 14.08t 的要求，此时吊高约为 12.3m，满足施工现场吊高 6.5m 的要求。因此电容器预制舱（8 台）吊装选用不小于 100t 汽车式起重机作为主起吊设备。

4.8.4.6　预制舱吊装

在箱体吊装时，采用八点起吊法吊装，保证箱体平稳起吊平移。根据箱体的重量、吊点和吊装示意图进行吊装，见图 4.8−16。

图 4.8−16　舱体吊装示意图

4.8.4.7 舱体的就位及检查

（1）舱体缓慢就位，坐落在基础上，观察舱体的水平度和垂直度，检查舱体中线是否与基础中线处于同一条线。

（2）及时将舱体底脚周边预埋螺栓紧固到位。

（3）吊装就位后，应舱内屏柜开箱检查，检查舱体外壳有无损坏；盘、柜面是否平整，门销开闭是否灵活，照明装置是否完好，盘、柜前后标识齐全、清晰。

大 件 运 输 技 术

本章介绍了电力大件运输的概念、运输方式、公路运输车辆、装卸及就位等内容，并结合实际案例介绍机械化技术成果应用情况。

5.1 电力大件运输技术特点

5.1.1 电力大件运输的定义

大件（也称大件货物或大件设备）是指具有长、大、重特点，且在车辆上装载后符合下列情形之一的不可解体物体：

（1）运输车、货物总高度从地面算起超过 4m。

（2）运输车、货物总宽度超过 2.55m。

（3）运输车、货物总长度超过 18.1m。

（4）二轴货车，其运输车、货物总质量超过 18 000kg。

（5）三轴货车，其运输车、货物总质量超过 25 000kg；三轴汽车列车，其运输车、货物总质量超过 27 000kg。

（6）四轴货车，其运输车、货物总质量超过 31 000kg；四轴汽车列车，其运输车、货物总质量超过 36 000kg。

（7）五轴汽车列车，其运输车、货物总质量超过 43 000kg。

（8）六轴及六轴以上汽车列车，其运输车、货物总质量超过 49 000kg，其中牵引车驱动轴为单轴的，其运输车、货物总质量超过 46 000kg。

电力大件是指电源和电网建设生产中的大型设备或构件，其外形尺寸或质量符合下列条件之一：

（1）长度大于 14m 或宽度大于 3.5m 或高度大于 3.0m。

（2）质量在 20t 以上。

变电站内常见的电力大件主要有变压器、厂用变、联络变、电抗器、预制舱及高压电气设备等。

5.1.2　电力大件运输方式

大件运输方式主要包括公路、铁路、水路三种，根据需要也可以采取两种及以上的运输方式，即"大件多式联运"方式完成运输任务。

（1）公路运输。公路运输是一种便捷、灵活的大件运输方式。公路大件运输能力取决于公路大件运输条件和运输装备的运载能力。

公路运输分为短途运输及长途公路运输。短途运输多发生于工程建设现场或临港码头前沿，道路条件往往提前为超大件运输做了预留，规避了阻碍超大件运输的限界障碍，因此公路运输能力主要取决于公路运输装备的运载能力。长途公路运输中，运输能力更多地取决于沿途道路、桥梁、限界等运输条件（尤其是高度限界），对运输企业综合运用运输装备的能力和风控水平有更高的要求。

目前，对于公路运输，可以根据道路条件（含道路改造），运输较重的电力大件设备，运输车、货物总重达到1100t；对于长途公路运输，受限于沿途桥梁等级和各省市超限运输政策，运输车、货物总重最大为 700t，设备重约460t。

（2）铁路运输。铁路运输是一种安全、经济，适合长距离的大件运输方式，相对于公路运输，限于铁路建筑限界和车辆的承载能力，铁路无法承运尺寸过大或重量过重的货物。铁路大件运输能力主要取决于铁路大件运输网络、铁路特种车辆承载能力、铁路限界和桥梁的通行能力。

目前，铁路运输的变压器重量约 350t，高度不大于 4.85m，长度不大于13m，采用大型落下孔车运输，该种运输方式多应用于内陆省份，那里往往没有高等级的航道可以水路运输。

（3）水路运输。水路大件运输具有成本低、能耗小、污染轻、风险小等公路、铁路运输不具备的优势。但水路大件运输受水文、气象等自然条件限制影响较大，运送速度较慢，连续性差等劣势，通常无法实现门到门运输。

与公路、铁路运输相比，对超长、超宽、超高、超重的超大件货物，尤其是对重量在200t以上，宽度在20m以上、高度在5m以上、长度在60m以上的特大件，水路运输具有承载能力大的优势。

目前，变电站的电力大件设备均为公路运输进站，因此在5.2节只介绍公路大件运输车辆，铁路运输车辆和水路运输船舶不再介绍。

5.1.3　电力大件运输的发展历程

改革开放前，国内输变电线路电压等级主要以 220kV 及以下为主，变电站内大件设备往往不足 150t，早期的电力大件运输多数采用整体式非液压悬挂的汽车平板车。

1978 年，国内首条 500kV 超高压输变电工程平武线开始建设。电力大件设备运输重量近 200t，液压挂车登上历史舞台。装备方面，20 世纪 70 年代，交通部（现称"交通运输部"）引进法国尼古拉斯液压挂车，以及与其相匹配的重型牵引车。20 世纪 70 年代中期，国内一些大件企业开始设计生产液压平板车，如上海交运生产 12 轴线液压平板车、济南大型汽车运输总公司生产 10 轴线液压平板车、山东交运生产 10 轴线液压平板车、沧州大运生产的 10 轴线液压平板车等。20 世纪 80 年代初，上海水工机械厂试制成功国产液压挂车。20 世纪 90 年代大量国际品牌，如奔驰、曼、依维柯等重型牵引车和尼古拉斯、哥德浩夫、索埃勒等液压挂车的引进，极大地促进了国内大件运输行业的发展。

21 世纪以来，电力工业进入了发展的黄金时期，发电能力突飞猛进，电网建设加速前行。经过十几年的发展，电力大件运输逐步走向成熟。主要体现在以下几个方面。

（1）大件运输企业的装备能力大幅度提高，在数量、质量、智能化等各个方面都达到了世界先进水平。低货台、桥式梁、自行式液压平板车等大件运输装备被广泛应用到电力大件运输中，并且换装装备呈现多样化。

（2）随着智能电网快速推进，电网建设规模不断扩大，输变电设备需求量不断提高，电力大件运输企业和从业人员数量大幅度增加，从业人员素质大幅度提高，信息化管理成为大件运输企业提高管理水平和服务水平的重要手段。

（3）大件运输法律法规体系进一步健全和完善，诸如《超限运输车辆行驶公路管理规定》（交通运输部令 2016 年第 62 号）、《铁路超限超重货物运输规则》（铁总运〔2016〕260 号）、《电力大件运输规范》（DL/T 1071—2014）、《道路大件运输护送规范》（T/APD 0001—2019）等相关行业法规、行业标准陆续出台，有效地规范了大件运输市场。

5.1.4　电力大件运输的特点

变压器、电抗器等电力大件设备，是输变电工程的核心关键设备，价值高昂。设备的生产和使用地点往往相距较远，需要通过电力大件运输来完成运送、吊装等任务。电力大件运输的可行性甚至决定着变电站的选址。

电力大件设备具有"自身价值高、生产周期长，不可解体、超长、超宽、超高、超重"的特点，运输使用的多是特种车辆（船舶）。运输路径上受沿途道路、桥涵承载能力，天桥、线缆、标识牌、车站、收费站等建筑限界尺寸限制和制约，必要时需进行改造、加固。

公路大件运输前期准备包括线路勘察，桥涵测量，配置车辆，确定装载加固方案，对桥梁的通行能力进行校核，必要时进行加固或改造，办理通行、护送、排障等手续；铁路大件运输涉及车、机、工、电、辆等各个方面，需统一协调指挥；水路运输涉及船型选择、航道调研及沿途的各项安全措施等；如果涉及公路、铁路、水路联运，还要跨行业、跨地区、跨部门的联系协调。

因此，电力大件运输操作难度大、技术含量高，运输组织管理复杂，涉及的面多且专业性强，运输耗费高。

5.2 公路大件运输车辆

公路大件运输车辆由两个基本的部分组成：牵引力输出部分和货物承载部分。这两部分分别对应大功率重型牵引车和高承载能力的特种承载挂车。两部分的组合称之为公路运输列车。随着电网的发展，电力行业的设备也趋向于大型化。设备的重量和体积的不断增大，对牵引车辆和承载挂车提出了更高的要求，主要体现在牵引车辆大功率化和承载挂车的模块化。

5.2.1 大件牵引车

大件运输所用的牵引车注重的是良好的低速牵引性能，而不是较高的行车速度。为了使整车能够平稳起步并且具有足够大的起步扭矩，大件运输使用的牵引车一般都配备液力变矩器。为了充分利用附着质量和避免传动系统过载，车辆大多采用"6×4、6×6、8×4、8×6、8×8"等多轴的驱动形式。

5.2.1.1 牵引方式

按照牵引车牵引连接方式将牵引车分为全挂牵引和半挂牵引。

（1）全挂牵引方式。全挂牵引是挂车的前端通过牵引杆与牵引车连接，牵引车不承担载运货物产生的荷载，只提供挂车行驶所需的牵引力或推力。

适用范围：全挂牵引车通常在短途公路运输中使用，但当运输的设备需要采用桥式车组装载，且多台牵引车牵引，即使为长途运输，同样需要部分或全部全挂牵引车，运输时需要交管部门审批和护送。

主要特点：在全挂牵引时，牵引车上必须加适当的配重，提供足够大的附着力，从而产生足够的牵引力。

（2）半挂牵引方式。半挂牵引是通过牵引车后端的牵引座与挂车前端的牵引销连接，牵引车承担载运货物的部分荷载。见图 5.2－1。

适用范围：在长途运输时，运输道路往往涉及高速公路，有的地区交管部门要求运输车辆必须是半挂牵引方式，其牵引总质量在 300t 以内，运输设备最大质量约 200t。另外，当采用桥式车组运输大件设备，在高速公路上行驶，交管部门往往要求主牵引车为半挂牵引方式。

主要特点：牵引车后面的桥承受挂车的一部分载荷，并锁住牵引销，带动挂车行驶。一些挂车自身不具有半挂装置，需要配合特殊装置实现半挂牵引。例如，目前广泛使用的液压挂车，需要通过动力鹅颈实现半挂牵引，见图 5.2－2。

图 5.2－1　牵引座

图 5.2－2　牵引车＋动力鹅颈

5.2.1.2　常见的重型牵引车

（1）进口重型牵引车。进口牵引车品牌集中在奔驰、沃尔沃、曼三大品牌，除此之外还有部分尼古拉斯、雷诺、斯堪尼亚、依维柯、日野等品牌的牵引车。进口牵引车技术成熟、可靠性高、操控性好、维修率低，是大件运输行业选择的主流牵引车。

（2）国产重型牵引车。我国重型牵引车制造起步晚，技术积累不足，尤其是发动机、变速箱、底盘等核心部件还无法与国外知名的车辆制造企业抗衡。但随着我国高端运输装备制造技术水平的提高，一些自主设计生产的牵引车，例如陕西汽车集团有限责任公司（简称陕汽）生产的德龙系列重型牵引车，正逐步占有一席之地，有望打破国外品牌牵引车垄断国内市场的局面。目前，国产重型牵引车的制造企业主要有东风集团、中国重汽、陕汽集团、一汽集团、联合卡车等。

重型牵引车的适用范围：适用于各种类型的公路运输车组的牵引。

重型牵引车的型号及组成：主要型号有进口奔驰（BENZ）3354AS 6×6、曼（MAN）TGX41.680、奔驰（BENZ）4160 AK 8×8 以及国内陕汽 SX4500 等。大件牵引车示例如见图 5.2－3～图 5.2－6。

重型牵引车的主要特点：配备大功率低速大扭矩柴油发动机（通常在 480 匹马力以上，1 马力≈735.5W），同时装配液力变矩器或者液力耦合器，并采用 6×4、6×6、8×4、8×6、8×8 等多轴驱动形式，且车身主要结构进行了全面加强。可用于半挂牵引方式和全挂牵引方式。

图 5.2－3　奔驰 6×6 大件牵引车

图 5.2－4　曼 8×6 大件牵引车

图 5.2－5　奔驰 8×8 大件牵引车

图 5.2－6　陕汽 8×8 大件牵引车

5.2.2 公路大件运输挂车

公路大件运输承载挂车，简称挂车，是指由牵引车牵引而本身无动力驱动装置的车辆。在汽车列车中，挂车只有与牵引车或其他汽车一起才能组成完整的运输工具。

（1）液压挂车。液压挂车又称液压悬挂挂车、液压平板挂车或液压模块车，俗称液压轴线车、轴线平板车或液压轴线平板车等。

适用范围：液压挂车可采用全挂或半挂牵引方式，主要用于对荷载和分载能力有很高需求的超重和超大件货物的公路运输。图 5.2-7 所示即半挂牵引方式，其前端部有与牵引车连接用鹅颈。

当液压挂车采用全挂牵引方式时，可以与桥式车配合进行长途或短途运输特大型大件设备，当液压挂车采用半挂牵引方式，可进行长途运输，且容易通过交管部门的超限运输审批。

图 5.2-7 半挂液压平板运输车

型号及组成：主要液压挂车厂家有华运顺通、苏州大方、武汉万山、武汉神骏、索埃勒（SCHEUERLE，德国）、尼古拉（NICOLAS，法国）、科米托（COMETTO，意大利）、哥德浩夫（GOLDHOFER，德国）等。

主要特点：其构造特点是以很多内置有液压缸的独立悬架为基本承载单元，通过液压管路连接各悬架液压缸，使超重的货物荷载均匀分配到各挂车轮胎，承载能力大。液压挂车突出的技术优势在于其先进的液压悬挂系统和液压转向系统。这两项核心技术使得液压挂车拥有以下主要优势：单轴载荷大，可灵活拼组；横向稳定性强；全轮转向，转向角度大，转弯半径小；货台高度可调。

（2）自行式液压平板运输车。自行式液压平板运输车又名自行式模块运输车。主要应用于重、大、高、异型结构物的运输，其优点主要是使用灵活、装卸方便、载重量在多车机械组装或者自由组合的情况下可达万吨以上（国际上 24 000t）。

适用范围：实践中，自行式液压平板运输车基本上被用于项目现场的倒短、滚装或滚卸等短距运输。

型号及组成：自行式液压平板运输车是在液压挂车的基础上，在前端或后端增加自行式挂车驱动模块车组而形成。其驱动模块由动力头部分和带液压马达驱动轮的挂车驱动部分组成。动力头内安装了大马力卧式发动机、液压泵和大容量的液压油箱，不但为驱动轮提供动力，也为所有的液压挂车的悬挂液压缸和转向液压缸提供液压源。

主要特点：自行式液压平板运输车适合超大、超重货物的运输，行驶速度一般在 1～5km/h，空载可达到 15km/h。自行式液压平板运输车与液压挂车具有同样的技术特点，见图 5.2－8。从图 5.2－8 中可以看出，自行式液压平板运输车不具有普通牵引车的驾驶室等设施，其操控是通过挂在操作员胸前的操控箱完成的。操控箱与自行式车组以软线或无线方式连接。

图 5.2－8　自行式液压平板运输车

（3）全回转自行式液压平板运输车。全回转自行式液压平板运输车可以实现包括 360°回转在内的多种转向方式，大大增加了对路况的适应能力。

（4）桥式车组。桥式车组是将桥形承重构件（桥式梁）与液压挂车配合组成全挂车。

桥式车组的适用范围：桥式车组主要用于大型超高、超宽、超重设备的长途运输，可减小运输净空高度的影响，提高道路运输通过性。

　　桥式车组的型号及组成：桥式梁一般由承载主梁、斜叉梁和塔台组成。桥式梁两侧为承载主梁，主梁中间放置大型设备。设备重量通过承载主梁传递到两端塔台。塔台分别置于前后液压挂车上，具有分载、升降、水平旋转等功能，见图 5.2－9。目前国内桥式车的承载能力可达到 600t。

图 5.2－9　桥式车组

　　桥式车组的主要特点：超集重货物通过前、后承载塔台，将载荷一分为二，降低轴载负荷，使之符合公路运输的相关规定。可以通过调整举升油缸高度、挂车悬挂油缸高度，实现自装自卸；同时在通过临界高空设施时，设备底端可紧贴地面行走，确保设备及高空设施的安全。

　　（5）凹型平板车。凹型平板车的承载能力为 60～400t。承载面为凹型平板，前后与液压轴线平板车刚性连接。其特点是能有效降低装载和运行高度，见图 5.2－10。

图 5.2－10　凹型平板车

5.3 换装及就位装备

电力大件设备进站前可能需要经过多次换装以及装卸作业。常用的水陆换装装备有桥式起重机、桅杆起重机、浮式起重机、汽车起重机、履带起重机等大型换装装备。铁陆、陆陆换装和站内卸车就位考虑施工成本以及场地条件限制，主要以液压起重装备装卸为主。超高压、特高压换流站内往往设有轨道小车，可以利用轨道小车实现大件设备的迁移就位。

5.3.1 桥式起重机

（1）适用范围：桥式起重机通常使用在大件设备换装频繁，有稳定的大件设备换装货源的大件专用码头或港口，多为设备生产厂家自备的专用码头。

（2）装置组成：桥式起重机主要由支墩/梁、桥架（又称大车）、大车移动机构和起重小车组成，这种桥式起重机的桥架可以固定在支墩上，也可以沿支墩/梁上的轨道移动。

（3）技术原理：桥式起重机的桥架沿铺设在两侧高架上的轨道纵向运行，起重小车沿铺设在桥架上的轨道横向运行，构成矩形的工作范围，就可以充分利用桥架下面的空间吊运物料，不受地面设备的阻碍。

（4）主要特点：桥式起重机多建造在通航水域岸边的直码头或港池内，进行大件货物装卸或换装作业，起吊能力与通航水域或当地经济建设进行配套，具有起吊能力大、起吊平稳等优势，见图 5.3-1。

图 5.3-1 二重镇江码头 850t 桥式起重机

5.3.2　桅杆起重机

（1）适用范围：桅杆起重机常用于变压器的水陆换装，且运输时间跨度较长（通常 6 个月以上）的电力大件设备换装。

（2）装置组成：桅杆起重机主要由桅杆起重机基础、后背缆风基础、液压平板车停放平台/栈桥、桅杆及其起升变幅机构等组成。桅杆起重机有 500、600 和 800t 等不同等级，可满足相应 t 级的大件设备装卸作业。

（3）技术原理：桅杆起重机基础支撑桅杆自身重量以及被吊物的重量。通过操作卷扬机以控制桅杆的变幅机构和起升机构，从而使被吊物在水平方向或垂直方向移动。

（4）主要特点：利用通航水域岸边修建直立码头安装桅杆起重机进行大件货物的装、卸船或换装作业，起吊能力与通航水域或当地经济建设进行配套，一般码头通过量相对较小，具有投资省、起吊能力大、安全可靠等优势。桅杆起重机见图 5.3-2。

图 5.3-2　宣城碛石山 800t 桅杆起重机

5.3.3　浮式起重机

（1）适用范围：常用于我国沿海、国内大江大河沿线港口、码头大件设备换装。

（2）装置组成：浮式起重机一般由下部浮船和装在浮船甲板上的上部建筑两大部分组成，见图 5.3-3。

图 5.3-3 某 1000kV 变电站变压器浮吊换装

（3）技术原理：浮船用来支持起重机的自重和起吊的重量，再通过自身的船壳把它们传递给水面，使得浮式起重机能够独立地浮在水面上工作。此外，浮船还可以使起重机沿着水道从一个工作地点航行到另外一个工作地点，或者在同一个工作地点内做水平移动，以满足起重机对准装卸点或完成货物水平移动的要求等。上部建筑是浮式起重机的起重装置部分，用来装卸或吊装货物。

（4）主要特点：以码头为依托，利用浮式起重机进行大件货物装卸船或换装作业，无需建设换装码头，换装费用低。

5.3.4 流动式起重机

（1）适用范围：变电站内常用的流动式起重机主要以汽车起重机和履带起重机为主。当站内变压器较少（通常为 7 台以下）且集中到货，运输周期较短（3 个月以内）时，可选择汽车起重机或履带起重机换装。履带起重机卸车作业见图 5.3-4。

（2）装置组成：汽车起重机主要由起升、变幅、回转、起重臂和汽车底盘组成。履带起重机主要由动力装置、工作机构以及动臂、转台、底盘等组成。

（3）主要特点：相比桅杆起重机，汽车起重机/履带起重机基础和作业场地占用均较小，水工结构建造费用低，且拆装汽车起重机/履带起重机方便，作业安全性高。

图 5.3-4　履带起重机卸车作业

5.3.5　液压起重装备

（1）适用范围：当作业空间受限采用大型吊装设备无法布置或者虽然可以采用大型吊装设备作业但其调遣费和作业费相比液压起重装备装卸成本高，且作业场地较好满足液压起重装备装卸作业条件时从经济的角度可采用液压起重装备装卸及就位。一般应用于设备陆陆（即不同车辆之间的换装）和变电站内的卸车就位等。

（2）装置组成：本方式常用的液压起重装备主要包括高压泵站、千斤顶、推移装置、滑移轨道和道木等机具。

（3）技术原理：通过"垂直顶升法"和"液压顶推滑移法"完成大件设备装卸以及就位，见图 5.3-5 和图 5.3-6。

（4）主要特点：具有无需大型吊装设备、成本费用低、技术成熟等特点。

图 5.3-5　液压顶升作业

图 5.3-6　液压推移作业

5.3.6 轨道小车

近年来，在特高压、超高压输变电工程建设中，轨道小车牵引法通过在换流变压器移位施工中的应用和不断改进，现已成为一种较为成熟的大件牵引施工工艺。

（1）适用范围：主要适用于特高压交直流输变电工程的变电站和换流站，换流站（变电站）内的换流变压器（变压器）安装广场均铺设了轨道，设置一定数量的地锚，而且配置了轨道小车用于换流变压器（变压器）安装后移位就位。

（2）型号与组成：该方式是利用站内布设的轨道和锚点、轨道小车、卷扬机、滑轮组及其配套的连接装置，同时配置有用于换流变压器（变压器）顶升作业的工器具，包括高压泵站和千斤顶等，将大件设备进行装卸车和就位。

机具的型号为：5～10t 卷扬机、20t4 轮滑车、ϕ20mm 牵引绳、BZ63-4 高压泵站、BZ63-2.5 高压泵站、100t 千斤顶、200t 千斤顶。

（3）作业方式：在换流站（变电站）内使用轨道小车牵引作业主要有以下几种作业方式。

1）单卷扬牵引作业方式。单卷扬牵引作业方式是通过一台卷扬机和一套滑轮组等，对承载大件设备的滚动小车进行牵引，实现大件的移位。大件设备通常由两部滚动小车承载。

大件设备前端和后端的两侧均有牵引点。用钢丝绳索具和卸扣，分别将定滑轮与安装基础两侧的锚固点相连，动滑轮与大件牵引点相连，使滑轮组处于基础中轴线上（大件牵引移位方向）。在大件安装基础的同侧，布置转向滑车和卷扬机。转向滑车与基础上的锚点相连。卷扬机与锚固点相连。卷扬机钢丝绳（跑头）经转向滑车引出至滑轮组，按要求穿绕后，固定在动滑车或定滑车上，也可以固定在锚点或大件上。单卷扬牵引作业方式布置图见图 5.3-7。

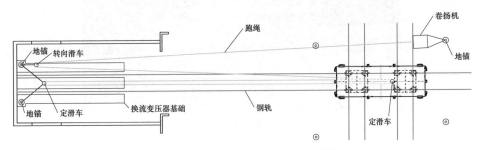

图 5.3-7 单卷扬牵引作业方式布置图

2）双卷扬牵引作业方式。双卷扬同步牵引作业方式是在大件设备的两侧分别布置一台卷扬机和一套滑轮组。两台卷扬机的钢丝绳按要求在滑轮组上穿绕后，通过平衡滑车相连，两套滑轮组串联在一起，使两套牵引装置在启动、制动和阻力有差异的情况下，实现对大件设备的同步牵引。动滑轮与大件设备后端的牵引点相连接。卷扬机和定滑车分别与各自的锚点相连接。双卷扬同步牵引作业方式布置图见图 5.3－8。

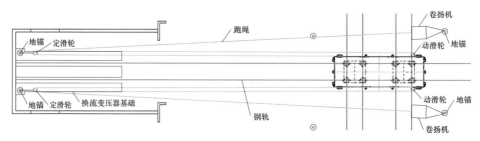

图 5.3－8　双卷扬同步牵引作业方式布置图

3）牵引车牵引方式。用钢丝绳将轨道小车和牵引车连接，钢丝绳和牵引车应满足牵引力要求。牵引时，速度不大于 2m/min，并时刻注意轨道小车是否啃轨。如出现有啃轨趋势，应及时调整牵引车牵引角度；如出现啃轨现象，要及时调节小车角度。换流站站内牵引实例见图 5.3－9。

图 5.3－9　换流站站内牵引实例

5.4 应用实例

大件运输项目中，受沿途道路、桥梁、限界等运输条件影响，大件运输挂车的选择是关键，故应用实例按照大件运输挂车的不同进行分类。实例 1 为液压平板车装载货物，实例 2 为低货台装载货物，实例 3 为桥式梁装载货物，实例 4 为液压平板车装置货物，前两个实例为半挂牵引方式，后两个实例为全挂牵引方式。实例均较为典型，能够代表当前公路大件运输装备水平。

5.4.1 "液压平板半挂式牵引"大件运输项目

5.4.1.1 运输概况

某 220kV 变电所扩建工程，需要从厂家运输进站 1 台 180MVA/220kV 变压器。变压器本体运输外形尺寸（长×宽×高）：9300mm×3250mm×3970mm；运输重量 151t。运输需通过高速公路和城区道路，运输全程 1322k。

5.4.1.2 运输装备的选择

（1）平板车的挂车选择。根据大件运输道路运输管理规定、运输道路情况、运输装备性能参数、变压器重量及尺寸等情况，选择 Goldhofer9 轴线半挂平板车。该平板车组由鹅颈、1 台 2 纵列 3 轴线单元车、1 台 2 纵列 6 轴线单元车及纵向连接部件等组合成 2 纵列 9 轴线半挂平板车，见图 5.4−1 和表 5.4−1。

图 5.4−1　变压器公路运输实际装载图

该液压平板车采用网络单箱型主梁车架、液压全轮牵引转向或控制转向、双管路全轮制动。具有货台高度低，轮轴负荷均匀，转弯半径小，狭小场地通过性好、倒车方便等特点，并且货台高度可调节，在上下坡道和斜坡上行驶时可以调整车身，尽可能保证水平，避免在装载高重心货物时有倾覆的危险。

表 5.4－1 2 纵列 9 轴线半挂平板车性能参数表

序号	参数	数值
1	额定装载质量（t）	300
2	整备质量（t）	35.2
3	轮轴数	9 排 18 轴
4	轴距（mm）	1500
5	轮胎数	4 只/每轴，共 72 只
6	平板车尺寸（mm×mm×mm）	13 500×3000×（1175±300）

（2）牵引车的选择。与平板车配套的牵引车是 MAN6×6 专用牵引车，该车主要性能参数见表 5.4－2。

表 5.4－2 牵引车主要性能参数表

驱动型式	自重	允许最大配重	发动机功率
6×6；牵引、顶推	11.5t	35t	540 马力

5.4.2 "凹型平板车"大件运输项目

5.4.2.1 运输概况

某新建 500kV 变电站工程，需要从厂家运输进站 3 台变压器。变压器本体运输外形尺寸（长×宽×高）：6740mm×4600mm×4350mm；运输重量 164t。运输需通过市区道路、高速公路、乡镇道路，运输全程 626km。

5.4.2.2 运输装备选择

（1）平板挂车的选择。根据变压器重量、尺寸、运输道路、运输高度、空中障碍等情况，选择哥德浩夫 STHP/SL10（4 轴线＋低货台＋6 轴线）半挂平板车。该平板车轴载约 20t 速度可控制在 40km/h 以内。在高速公路上行驶，运行速度将受到极限限制，超限运输车辆在正常情况下不应影响到其他车辆的通行。

受变电站大门前的弯道通行条件限制，哥德浩夫 STHP/SL10（4 轴线＋低货台＋6 轴线）半挂平板车无法进入变电所内，因此需选择合适的场地进行平板车的轴线转换，将"4 轴线＋低货台＋6 轴线"半挂平板车转换为"3 轴线＋低货台＋4 轴线"半挂平板车，这时"3 轴线＋低货台＋4 轴线"半挂平板车运行速度需控制在 10km/h 以内，见图 5.4－2。

图 5.4－2　3 轴线＋低货台＋4 轴线实际装载图

（2）低货台＋液压轴线半挂平板车的特点。采用网络单箱型主梁车架、液压全轮牵引转向或控制转向、双管路全轮制动。具有货台高度低、轮轴负荷均匀、转弯半径小、狭小场地通过性好、倒车方便等特点，并且货台高度可调节，在上下坡道和斜坡上行驶时可以调整车身，尽可能保证水平，避免在装载高重心货物时有倾覆的危险。

该平板车技术参数见表 5.4－3 和表 5.4－4。

表 5.4－3　　　　　　"4 轴线＋低货台＋6 轴线"半挂平板车参数

序号	参数	数值
1	额定装载质量（t）	210
2	整备质量（t）	60.0
3	轮轴数	10 排 20 轴
4	轴距（mm）	1500
5	轮胎数	4 只/每轴，共 80 只
6	低货台载货区域尺寸（mm×mm×mm）	10 000×3000×（300～850）
7	平板车尺寸（mm×mm×mm）	29 215×3000×（1175±300）

表 5.4-4　　　　　　　"3 轴线 + 低货台 + 4 轴线"半挂平板车参数

序号	参数	数值
1	额定装载质量（t）	210
2	整备质量（t）	48.6
3	轮轴数	9 排 18 轴
4	轴距（mm）	1500
5	轮胎数	4 只/每轴，共 56 只
6	低货台载货区域尺寸（mm×mm×mm）	10 000×3000×（300～850）
7	平板车尺寸（mm×mm×mm）	24 715×3000×（1175±300）

（3）牵引车的选择。根据牵引力计算和路况条件，主牵引车选用德国产奔驰 ACTROS 6×6 牵引车，动力为 540 马力。另选用 1 台曼牌 MAN 8×8 牵引车作为辅助牵引车，该车为全挂和半挂两用牵引车，动力为 600 马力，见图 5.4-3 和图 5.4-4。

图 5.4-3　ACTROS6×6 牵引车　　　　图 5.4-4　MAN8×8 牵引车

（4）其他辅助车辆。依维克工程车、桑塔纳轿车、日产越野车各 1 辆；80t 汽车起重机 1 辆（转换平板车，在作业场地铺设钢板及配合变压器卸车就位等）。

5.4.3　"桥式车组"大件运输项目

5.4.3.1　运输概况

某新建 500kV 变电站，需要将 1 台三相一体式变压器从码头换装后运输进站，尺寸 12 766mm×4318mm×4633mm，单台变压器重量为 347t。

运输路线需经过市区道路、国道、县道，全程 36.5km，沿途最低行驶高度 4.80m。

5.4.3.2 卸船、运输装备的选择

（1）卸船装车吊装设备。根据吊装重量、码头现场条件及经济合理性，选择 500t 浮式起重机将变压器卸船装车，见图 5.4－5 和表 5.4－5。

图 5.4－5　500t 浮式起重机实际吊装图

表 5.4－5　　　　　　　500t 浮式起重机主要技术参数

序号	参数	数值
1	船长（m）	73.00
2	型深（m）	4.80
3	型宽（m）	25.60
4	空载吃水（m）	1.78
5	满载吃水（m）	2.80
6	主机	8170ZCA－3，$2 \times 601kW \times 1350r/min$
7	结构形式	纵横混合骨架式
8	主钩吊装能力	$500t \times 1$
9	副钩吊装能力	$150t \times 2$

（2）平板挂车的选择。受沿途桥梁承载能力及高空设施的影响，沿途最低行驶高度 4.80m，运输道路上方高度仅仅满足变压器高度通行，且道路改造难度大、改造费用高、对当地交通影响大，因此选择用 400t 桥式车和 12＋14 轴线液压平板车组成的桥式车组进行运输，有效地降低了变压器运输高度，见图 5.4－6。

图 5.4－6　400t12＋14 轴线桥式车组实际运输图

受该 500kV 变电站进站道路通道和转弯半径限制，运输变压器的 400t 桥式车和 12＋14 轴线液压平板车组成的桥式车组不能直接进入变电站，因此必须在变电站前选择合适的场地转换平板车，将变压器从 12＋14 轴线桥式平板车上转换至 3 纵列 12 轴线平板车上。

1）400t12＋14 轴线桥式车组结构。12 轴、14 轴平板挂车各 1 台，NICOLAS SGT17.15 重型平板挂车。12 轴平板挂车最大载重 360t，14 轴平板挂车最大载重 420t。塔台 2 个，由用于分力的横、纵梁和液压源、举升油缸、桥身平衡装置、转向装置组成。举升油缸升降可达 1m，用于自装自卸货物和通过各种障碍时调整桥身高度。桥架由斜梁、中间梁、承载梁和许多可调节的撑杆、油缸组成，桥身的宽度可以通过水平油缸调整，内宽从 3.3～6m 可以任意调节，以适应不同的货物宽度。

2）3 纵列 12 轴线平板车。该平板车组由 2 部 2 纵列 3 轴线、1 部 2 纵列 6 轴线和 1 部 2 纵列（1/2＋1/2）6 轴线单元车及纵横向连接部件组合成 3 纵列全挂。

（3）配套牵引车的选用。根据牵引力计算，主牵引车选用两台 8×8 专用牵引车，见表 5.4－6。

表 5.4-6　　　　　　　　　　　牵引车主要技术参数表

型号	驱动型式	自重（t）	允许最大配重（t）	发动机功率（马力）	数量
MAN E98 50.603 8×8	8×8；牵引、顶推	13	30	603	1
MAN TGA40.480 6×6	6×6；牵引、顶推	12	28	480	1

（4）其他护送、押运车辆。选用小车 2 部（指挥及押运），依维克工程车 2 部（开道、监速、外勤事务联系及交通），80t 汽车起重机、50t 汽车起重机各 1 辆（在作业场地铺设钢板，协助变压器卸车、就位等）。

5.4.4 "液压平板全挂式牵引"大件运输项目

5.4.4.1 运输概况

某±1100kV 换流站工程，需要从水路码头运输进站 28 台换流变压器，高端换流变压器尺寸（长×宽×高）13 600mm×5500mm×5900mm，单台重约 537t；低端换流变压器尺寸 12 400mm×5000mm×5450mm，单台重量约 450t。运输路线需经过城市道路、乡镇道路，全程 38.4km。

为完成此项运输任务，沿途需要处理的措施工程有：新建临时大件码头、新建桥梁 2 座、修建高速下穿 2 处、沿线高空障碍升高改造若干。

5.4.4.2 卸船、运输装备的选择

（1）卸船装车吊装设备。根据吊装重量、码头现场条件及经济合理性，选择 800t 桅杆起重机将换流变压器卸船装车，见图 5.4-7 和表 5.4-7。

图 5.4-7　800t 桅杆起重机实际吊装图

表 5.4－7 　　　　　　　　　　800t 桅杆起重机主要技术参数

序号	参数	数值
1	桅杆长度（m）	42.0m，可根据需要加长桅杆节数，每节 8m
2	自重（t）	80
3	起重量（t）	800
4	后撑杆长度（m）	36
5	后撑杆重（t）	60
6	后杆横梁重（t）	3
7	桅杆下部间距（m）	14.6

（2）平板车的选择。公路运输车辆选择 3 纵列 18 轴线平板车，额定载重量 826t，见图 5.4－7 和表 5.4－8。

图 5.4－8　3 纵列 18 轴线平板车实际运输图

表 5.4－8 　　　　　　　　　　3 纵列 18 轴线平板车主要技术参数表

序号	参数	数值
1	额定装载质量（t）	826
2	整备质量（t）	91.8
3	轴数	27 轴线，共 54 轴
4	每轴线额定载质量（t）	34
5	轴距（mm）	1500
6	轮胎数	4 只/每轴，共 216 只

续表

序号	参数	数值
7	货台尺寸（mm）	27 000×4900×1175（±300）
8	转向机构	全轮液压牵引转向或控制转向
9	悬挂方式	液压悬挂三点或四点支承
10	制动系统	双管路控制，双蹄片作用于全部车轮上
11	满载时车速（km/h）	5（不低于三级公路）

（3）牵引车的选择。选用 1 台 MAN E98 50.603 牵引车（发动机动力 603 马力，驱动方式 8×8）作为主牵引车；另选用 2 台 Actros 4160 牵引车（发动机动力 600 马力，驱动方式 8×8），作为辅牵引车，见表 5.4-9。

表 5.4-9　　　　　　　　　牵引车主要技术参数表

型号	驱动型式	自重（t）	允许最大配重（t）	发动机功率（马力）	数量
MAN E98 50.603 8×8	8×8；牵引、顶推	13	35	603	1
Actros 4160 8×8	8×8；牵引、顶推	14.8	35	600	2

（4）其他辅助车辆。交通车 1 辆，指挥排障车 2 辆，指挥车 1 辆。

参 考 文 献

[1] 高翔. 智能变电站技术［M］. 北京：中国电力出版社，2012.

[2] 黄利波. 装配式建筑在变电站中的应用［J］. 武汉大学学报（工学版），2021，54（S1）：123－128.

[3] 沈大伟，高俊，陆启亮，等. 变电土建三维设计解决方案研究［J］. 武汉大学学报（工学版），2020，53（S1）：339－343.

[4] 陈翀，李星，邱志强，等. 建筑施工机器人研究进展［J］. 建筑科学与工程学报，2022，39（4）：58－70.

[5] 何铎，张鹏. 机械化施工显神通［J］. 国家电网，2015（08）：98－99.

[6] 郑卫锋，苏朝晖，李东亮，等. 输变电工程施工装备现状及配置建议［J］. 中国电力企业管理，2019（03）：28－29.

[7] 白林杰. 输变电工程小型装备手册［M］. 北京：中国电力出版，2017.

[8] 衣红印. 变电站高电压试验设备的现状与技术改进分析［J］. 集成电路应用，2022，39（11）：212－213. DOI：10.19339/j.issn.1674－2583.2022.11.095.

[9] 郑艳召，夏培，韩梅，等. 大件运输装备［M］. 北京：中国财富出版社，2017.

[10] 鞠殿铭，刘争光，崔海涛，等. 大件运输实务［M］. 北京：中国财富出版社，2017.